COURS
DE
PHYSIQUE

PROGRAMME DE LA CLASSE DE PHILOSOPHIE

D'après l'arrêté du 22 janvier 1885.

Par M. SEGUIN

Ancien doyen de Faculté, recteur honoraire

PHYSIQUE ET CHIMIE

I. — OPTIQUE

II. — REVISION ET COMPLÉMENTS RELATIFS A LA PHYSIQUE ET A LA CHIMIE

PARIS
SOCIÉTÉ D'IMPRIMERIE ET LIBRAIRIE ADMINISTRATIVES
ET CLASSIQUES
PAUL DUPONT, Éditeur
4 — RUE DU BOULOI — 4

1889

COURS

DE

PHYSIQUE

Paris. — Société d'Imprimerie Paul Dupont (Cl.) 98.11.88.

COURS
DE
PHYSIQUE

PROGRAMME DE LA CLASSE DE PHILOSOPHIE
D'après l'arrêté du 22 janvier 1885.

PHYSIQUE ET CHIMIE

OPTIQUE

PROPAGATION RECTILIGNE DE LA LUMIÈRE — VITESSE — LOIS DE LA RÉFLEXION
MIROIRS PLANS, MIROIRS SPHÉRIQUES CONCAVES ET CONVEXES
RÉFRACTION — PRISME — LENTILLES — LOUPE
PRINCIPE DE LA LUNETTE ASTRONOMIQUE, DU MICROSCOPE ET DU TÉLESCOPE
DÉCOMPOSITION ET RECOMPOSITION DE LA LUMIÈRE
SPECTRE SOLAIRE — SPECTRES DES DIVERSES SOURCES LUMINEUSES
CHALEUR RAYONNANTE — PHOTOGRAPHIE

REVISION ET COMPLÉMENTS RELATIFS A LA PHYSIQUE ET A LA CHIMIE

PRINCIPE DE L'INERTIE — FORCES — LOIS DE LA CHUTE DES CORPS
MACHINE D'ATWOOD — PENDULE — APPLICATIONS — TRAVAIL — FORCE VIVE
ÉNERGIE — ÉQUIVALENT MÉCANIQUE DE LA CHALEUR
APPLICATION AUX PRINCIPAUX PHÉNOMÈNES PHYSIQUES — MACHINE A VAPEUR
CONDENSEUR — DÉTENTE
PRINCIPE DES MACHINES MAGNÉTO-ÉLECTRIQUES — TRANSMISSION DE LA FORCE
GALVANOPLASTIE — DORURE — ARGENTURE — TÉLÉPHONE

PARIS
SOCIÉTÉ D'IMPRIMERIE ET LIBRAIRIE ADMINISTRATIVES
ET CLASSIQUES
PAUL DUPONT, Éditeur
24, RUE DU BOULOI (HÔTEL DES FERMES)

1888

LIVRE PREMIER

OPTIQUE

CHAPITRE PREMIER.

PROPAGATION RECTILIGNE DE LA LUMIÈRE. — VITESSE.

1. Corps lumineux par eux-mêmes, sources de lumière. — La lumière est ce qui nous fait voir les objets.

Le soleil, les flammes, un charbon allumé, un morceau de fer rouge, sont des objets *lumineux par eux-mêmes*, c'est-à-dire que nous les voyons, quand même tout serait dans la nuit autour d'eux; mais, justement, ils empêchent la nuit, parce qu'ils envoient leur lumière aux objets environnants.

La dénomination de *source de lumière* convient donc à tout corps lumineux par lui-même.

2. Corps éclairés. — Un arbre, une maison, une personne, une pierre, ne sont visibles que dans le voisinage d'une source de lumière; ils se font voir par la lumière qu'ils reçoivent de cette source. Ils sont *éclairés* et non lumineux par eux-mêmes. Les planètes sont des astres éclairés par le soleil, tandis que les étoiles, comme le soleil, sont des astres lumineux.

3. Propagation de la lumière. Rayon lumineux. — Le soleil envoie sa lumière en tous sens dans le ciel; une flamme, si petite qu'elle soit, émet aussi de la lumière tout autour d'elle, éclairant les objets qui sont devant, derrière, au-dessus, au-dessous, par côté. La lumière, ainsi émise, remplit l'espace et s'y propage sans discontinuité. Pour la commodité des explications, on peut concevoir l'espace qui environne une source lumineuse comme décomposé en couches concentriques, de sorte que la lumière, partant de la source comme centre, passe d'une couche à l'autre en s'étendant sur une surface de plus en plus large. On peut aussi concevoir, à travers cet espace, un infinité de filets rayonnants, le long desquels s'écoulerait la lumière en sortant de la source (1).

En tout cas, on appelle *rayon lumineux* toute ligne droite tirée du point lumineux, sur laquelle on constate l'existence de la lumière émise par ce point.

La conception des couches concentriques fait comprendre aisément cette proposition que *l'intensité de la lumière varie en raison inverse du carré de la distance.* Cela veut dire qu'une surface donnée, un centimètre carré, par exemple, reçoit d'une source une quantité de lumière, qui, étant 1 à la distance de 1 mètre, devient $\frac{1}{4}$, $\frac{1}{9}$, $\frac{1}{16}$, ... à la distance de 2, 3, 4... mètres. La raison en est que la même lumière, émise par la source, après s'être répandue d'abord sur la surface d'une sphère ayant 1^m de rayon, s'étend ensuite sur une surface sphérique 4, 9, 16... fois plus grande pour un rayon de 2, 3, 4... mètres; d'où il suit que, pour chaque centimètre carré, il y a 4, 9, 16... fois moins de

(1) Ces conceptions purement géométriques sont indépendantes de toute hypothèse sur la nature de la lumière. Des phénomènes lumineux, que nous ne devons pas exposer dans ce livre (interférences, diffraction, polarisation), prouvent que la lumière se propage dans un milieu matériel, qu'on appelle *l'éther*, par des vibrations transversales, à peu près comme les ondes à la surface de l'eau. La lumière est donc un mouvement vibratoire qui se propage d'un corps à un autre à travers l'éther.

lumière sur ces couches successives que sur la première. On confirme ces déductions par des expériences faites avec des instruments appelés *photomètres*.

4. La lumière se propage en ligne droite. — Que l'on dispose devant un point lumineux, représenté par une petite flamme, une série d'écrans, percés chacun d'une petite ouverture, de façon que toutes ces ouvertures soient en ligne droite (*fig.* 1). L'alignement aura dû être fait, non pas à la

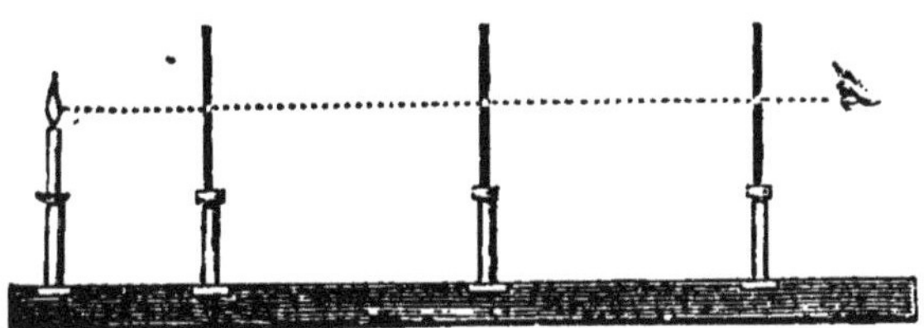

Fig. 1. — Propagation de la lumière en ligne droite.

vue, mais au moyen d'un fil tendu, ce qui est facile à l'aide d'un fil à plomb si les écrans sont portés par une règle mobile. Le point lumineux et la série des ouvertures étant en ligne droite, on constate que la lumière existe simultanément sur toutes ces ouvertures et n'existe pas à côté d'elles, excepté sur le premier écran : car l'œil, placé derrière l'une ou l'autre, reçoit la lumière et voit la flamme, et il cesse de la voir si peu que l'un des écrans antérieurs soit déplacé. La ligne droite du point et des ouvertures est donc un rayon lumineux. Cette expérience signifie que la lumière, qui, à partir d'un point lumineux, vient affecter un autre point, affecte aussi une série de points intermédiaires disposés exclusivement en ligne droite : c'est ce qu'on appelle la *propagation rectiligne de la lumière*. Elle suppose, comme nous le verrons bientôt, que le milieu traversé par la lumière est homogène.

La même expérience réalise la conception géométrique

d'un rayon lumineux et justifie le procédé qui consiste à figurer la propagation de la lumière, non par des ondes concentriques, mais par des lignes rayonnantes à partir du point lumineux : chacune de ces lignes représente un rayon de lumière et l'on peut concevoir que la lumière est quelque chose qui suit ce chemin pour aller d'un point à un autre.

5. Vitesse de la lumière. — Si l'on suppose une lampe placée hors d'une enceinte, près d'une ouverture fermée par un écran, et qu'à un instant donné, on abaisse cet écran, au même instant toute la salle est illuminée jusqu'aux murs. La lumière ne met donc pas de temps appréciable pour se propager d'un point à l'autre de cette enceinte.

En réalité, la lumière se propage avec une vitesse de 300,000 kilomètres ou 75,000 lieues par seconde.

On a déterminé cette vitesse d'abord par deux méthodes astronomiques, puis par des observations faites d'un point à l'autre de la terre avec des appareils spéciaux. En 1675, Rœmer la déduisit de l'observation des satellites de Jupiter; Bradley la déduisit, cinquante ans plus tard, de l'aberration des étoiles. M. Fizeau et M. Foucault la mesurèrent, en 1849, par deux procédés différents, pour un intervalle de quelques kilomètres et même de quelques mètres. Tout récemment, M. Cornu a repris les expériences de M. Fizeau, sur une distance d'environ 23 kilomètres entre la plate-forme de l'observatoire de Paris et la tour de Montlhéry. Le nombre trouvé par M. Cornu est de 300,400 kilomètres.

Nous nous bornerons à indiquer ici la méthode de Rœmer. Soit S le Soleil, T la Terre, J Jupiter, *a* son premier satellite (*fig.* 2). Jupiter porte ombre derrière lui et, de la Terre, on peut voir son satellite entrer dans cette ombre, puis en sortir. Quand on fait ces observations dans les époques où la terre est voisine de la ligne droite qui va du Soleil à Jupiter, soit en t, soit en t', alors que la distance entre la Terre et Jupiter ne varie pas sensiblement d'un jour à l'autre, on trouve que l'intervalle entre deux immersions ou deux émersions consécutives du satellite est de 42 heures 30 minutes. Mais, si l'on note l'instant d'une immersion lorsque la Terre est en *t*, que l'on compte le nombre des immersions qui ont lieu pendant qu'elle va de *t* en *t'*, et que l'on note enfin en *t'* le moment d'une dernière immersion, on trouve que celle-ci arrive plus tard, qu'on ne l'aurait prévu en multipliant 42 h. 30 minutes par le nombre des immersions observées. Ce

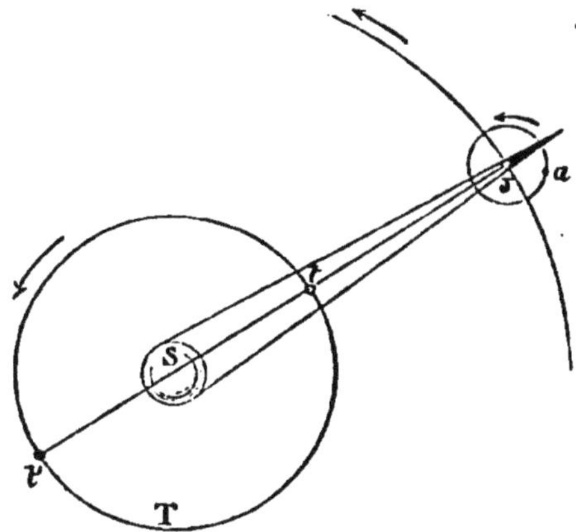

Fig. 2.— Vitesse de la lumière.

retard est le temps que la lumière a dû mettre pour parcourir l'excès de distance *t'*J sur la distance *t*J, qui est deux fois la distance de la Terre au Soleil. Cette distance étant connue, et le retard étant de 16 minutes 26 secondes, on divise le double de la distance par le retard exprimé en secondes, et on a la vitesse de la lumière par seconde.

La lumière nous vient du Soleil en 8 minutes 13 secondes; elle vient de la Lune environ en 1″,2 ; elle met environ trois ans pour venir de l'étoile la plus rapprochée.

6. Ombre et pénombre. — Un corps opaque placé sur la droite qui joint une flamme à notre œil nous empêche de voir cette flamme; ce corps fait écran, et, comme l'écran a une certaine étendue, il y a derrière lui une région de l'espace qui ne reçoit pas de lumière; cette région est ce que l'on appelle l'*ombre* portée par le corps.

En supposant que la flamme soit réduite à un point A, (*fig.* 3) et que la coupe du corps par le plan du papier soit CD, l'ombre est représentée sur le même plan par la partie CDEF qui est indéfinie, et qui a dans l'espace une forme conique. Un mur M N est éclairé partout au delà de E et de F, mais il

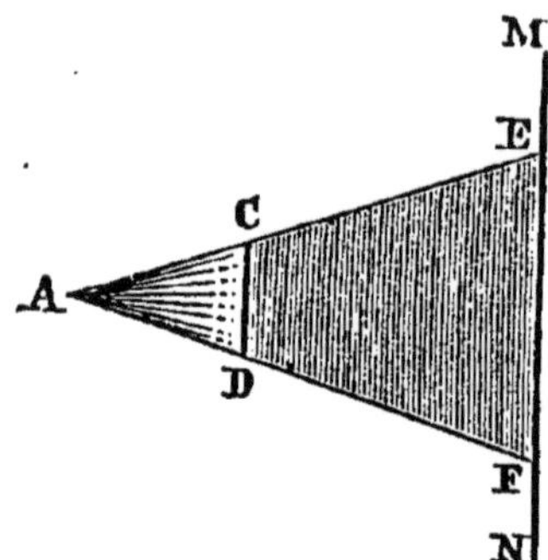

Fig. 3. — Ombre.

est obscur dans la région représentée par EF, la figure de l'ombre sur le mur est la silhouette de l'objet CD.

En réalité, les corps lumineux sont toujours plus ou moins étendus et il en résulte une complication de l'ombre. Soit A B, la hauteur du corps lumineux (*fig.* 4). Le point A n'envoie pas de lumière au mur dans l'intervalle EF, mais il en envoie partout ailleurs, en EG par exemple. A son tour, le point B ne donne aucune lumière à la portion G H du mur, mais éclaire tout le reste, par exemple la partie FH. Il en résulte que l'intervalle moyen EH ne reçoit de lumière ni de la part de A, ni de la part de B, ni, par conséquent, des points intermédiaires de la flamme : cet intervalle est donc tout à fait obscur, c'est l'ombre. La partie EG du mur reçoit de la lumière du point A et n'en reçoit pas de B; dans la partie FH, il en vient de B et il n'en vient pas de A. Au delà de F et de G, le mur est éclairé par tous les points de la flamme. Il y a donc entre l'ombre complète et les parties complètement éclairées du mur, une région intermédiaire qui n'est ni tout à fait dans l'ombre, ni tout à fait dans la lumière : on l'appelle la *pénombre*. La pénombre estompe le contour des silhouettes, et les bords de celles-ci sont d'autant plus indécis que la flamme est plus large : par exemple, les ombres portées par les corps devant un bec de gaz sont moins nettes que devant la flamme d'une bougie. Le soleil lui-même,

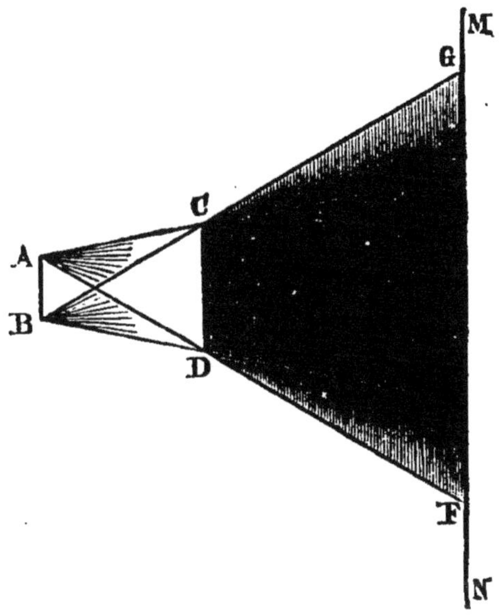

Fig. 1. — Ombre et pénombre.

à cause de ses dimensions, produit une pénombre, dont on s'aperçoit bien, quand on essaye de dessiner le contour des ombres des objets exposés au soleil.

7. Images dans la chambre obscure. — Une salle étant tout à fait close, excepté qu'on a ménagé un petit trou dans l'un des volets, si l'on place un écran à une certaine distance du trou, on voit s'y peindre les objets extérieurs, arbres, maisons, personnes, etc, dans une position renversée. C'est, comme le phénomène de l'ombre, une conséquence de la propagation rectiligne de la lumière.

Soit O l'ouverture (*fig.* 5), AB l'objet, A'B' l'écran. Le point A de l'objet envoie des rayons au volet, dont l'ouverture laisse passer seulement un petit faisceau conique, A A', lequel, s'il était seul, dessinerait sur l'écran, supposé parallèle au volet, une figure lumineuse semblable à l'ouverture. Les autres points de l'objet en font autant, jusqu'au point B qui donne l'image B'. Il en résulte que l'écran reçoit entre A' et B' une infinité de petites images ayant chacune

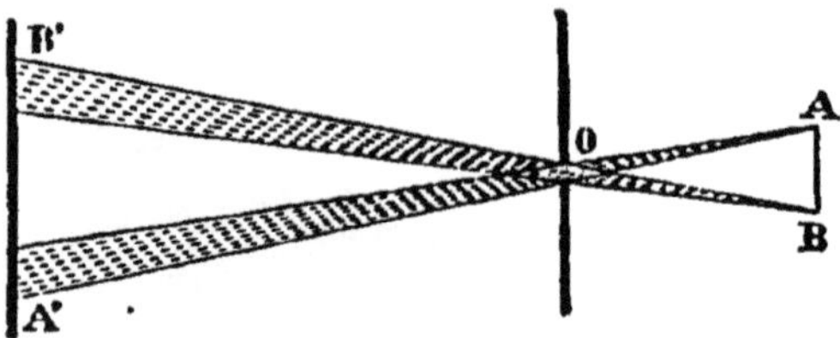

Fig. 5. — Chambre obscure.

la forme de l'ouverture, mais dont l'ensemble reproduit la forme de l'objet AB, comme si l'on avait promené la pointe A du premier faisceau AA' sur toute la surface de l'objet.

Les images élémentaires des points contigus de l'objet se superposent en partie sur l'écran. Si l'ouverture est petite, cette superposition n'affecte que les images des parties qui sont très voisines les unes des autres dans l'objet: au contraire, si l'ouverture est grande par rapport à l'objet, il y a superposition d'images appartenant à des parties du corps qui sont très éloignées et par conséquent fort dissemblables les unes des autres. Les images sont donc confuses dans ce dernier cas et ne sont nettes qu'avec des ouvertures très petites.

Ces images confuses se montrent presque toujours sur les murs des chambres dont les volets sont fermés, mais présentent quelques fissures.

8. Comment la lumière se partage à la rencontre

des corps. Corps transparents, corps opaques. Lumière transmise et lumière diffuse. — Tant que la lumière, à partir de la source d'où elle émane, reste dans le même milieu sans interposition d'aucun obstacle, elle se propage tout autour de la source sans produire aucun phénomène particulier, si ce n'est qu'elle s'affaiblit par son extension même (3).

Supposons un corps placé sur le trajet de la lumière. Il y a deux cas possibles: ou bien le corps se laisse traverser par la lumière, comme l'air, l'eau, le verre, on dit alors que le corps est *transparent* ou *diaphane*. S'il est exposé aux rayons directs du soleil, les rayons y pénètrent et poursuivent leur chemin au delà; si nous l'interposons entre notre œil et un objet éclairé, nous continuons à voir cet objet, parce que la lumière qui en vient passe à travers le corps transparent. Ou bien le corps intercepte la lumière, comme un mur, une planche, une lame de métal, alors il est *opaque*. On appelle *translucides* les substances qui, n'étant ni opaques, ni bien transparentes, laissent passer de la lumière, mais empêchent de distinguer nettement les objets: tels que le verre dépoli, le papier, une lame mince de corne, etc. Au reste, il y a tous les degrés de transparence entres les différents corps et dans une même substance selon l'épaisseur. L'air lui-même, sous une grande épaisseur cesse d'être tout à fait transparent. En revanche, tous les corps, même les métaux, sont transparents pour une épaisseur suffisamment petite.

La lumière qui tombe sur un corps est appelée *lumière incidente*. La portion de la lumière incidente qui traverse un corps transparent est la lumière *transmise*. La lumière transmise en ligne droite à travers la substance où elle a pénétré fait voir l'objet d'où elle provient et non le corps transparent lui-même. Une substance absolument transparente passerait inaperçue; c'est à peu près le cas d'une glace sans tain tout à fait propre. Mais presque toujours les granulations intérieures s'opposent au passage direct d'une partie des rayons, leur impriment des directions diverses, s'éclairent elles-mêmes et deviennent visibles par la même raison qui sera exposée plus complètement au nº 14. On doit donc distinguer la lumière *transmise* proprement dite et la lumière *diffuse* par transmission.

9. Lumière éteinte; lumière réfléchie et lumière diffuse. — Que devient la lumière arrêtée par les corps opaques, et celle qu'arrêtent aussi les corps transparents? Une partie s'éteint et une partie se réfléchit, c'est-à-dire rebrousse chemin à la rencontre de la surface du corps et se propage en avant de cette surface.

La partie *éteinte* comme lumière n'est pas perdue pour cela: elle pénètre dans le corps, elle est absorbée et y produit diverses modifications : c'est elle qui fait verdir les feuilles des plantes, qui altère les couleurs des étoffes, qui agit sur les substances employées par les photographes.

Dans la partie qui se réfléchit, il y a, comme pour la transmission, une distinction à faire entre la lumière *réfléchie régulièrement*, qui fait *miroiter* les corps polis, et la lumière *diffuse*, qui fait voir les objets non lumineux par eux-mêmes.

Les corps polis produisent la *réflexion régulière* ou simplement *la réflexion*. Ce qui la caractérise, c'est que les rayons réfléchis ont une direction déterminée dans chaque cas, eu égard à la direction des rayons incidents et à la position du miroir.

En outre, la lumière réfléchie ne fait pas voir le miroir : qu'on reçoive accidentellement dans l'œil les rayons du soleil réfléchis par une glace, on est ébloui par l'image du soleil, comme si la glace était trouée et que le soleil fût par derrière. Dans des cas plus ordinaires, lorsque des objets médiocrement polis, comme une table de marbre ou de bois verni, sont placés au jour d'une fenêtre et qu'on y regarde obliquement la surface, on aperçoit moins les détails de la surface dans la partie qui miroite que dans les parties voisines; si quelque chose se montre distinctement dans la lumière réfléchie, c'est plutôt l'image de la fenêtre. Le vernis d'un tableau empêche aussi, par ses reflets, dans certaines directions, de voir les figures peintes. Les glaces étamées, qui nous font voir si bien les objets dont elles réfléchissent la lumière, sont quelquefois si peu visibles elles-mêmes, qu'une cloison faite d'une glace sans cadre nous fait illusion au point que l'on croit la place vide.

Les corps transparents, tout en laissant passer à travers leur substance la plus grande partie de la lumière incidente, ne sont pas pour cela dépourvus de toute réflexion. D'abord si nous voyons la surface de l'eau ou d'une vitre, c'est qu'elle nous renvoie une certaine quantité de lumière diffuse. En outre, l'eau et le verre réfléchissent la lumière avec moins d'abondance, mais de la même manière qu'un métal poli. C'est ainsi qu'on voit souvent trembler au plafond l'empreinte des rayons réfléchis par l'eau d'une carafe ou d'une cuvette ; ou que l'on voit la nuit, par delà les fenêtres, l'image de la lampe et des autres objets qui sont dans l'appartement.

La lumière *diffuse* est réfléchie dans toutes les directions, car une fleur, par exemple, placée sur un meuble, est visible de tous les points d'une salle ; chaque point de l'objet est par rapport à la lumière d'emprunt qu'il nous renvoie, dans le même cas qu'un point brillant par lui-même ; il est, comme celui-ci, le point de départ d'une infinité de rayons, et c'est la raison pour laquelle nous le voyons de partout. La lumière diffuse joue un grand rôle dans la nature : outre qu'elle nous fait voir les objets, polis ou rugueux, exposés directement au rayonnement d'une source, elle est l'intermédiaire par lequel les corps s'éclairent mutuellement. C'est par la diffusion que la lumière du soleil, en particulier, se porte d'un objet à un autre et que tous les objets sont visibles pendant le jour, quand même le soleil leur est caché par un écran. Ce qu'on appelle la lumière du jour ou la lumière des nuées est de la lumière diffuse ; tous les objets terrestres, les nuages et l'air lui-même concourent à la diffusion.

La diffusion est aussi ce qui nous fait voir la lumière du soleil, quand elle entre dans une chambre à peu près obscure, par le trou d'un volet. Les grains de poussière, qui flottent dans l'air sur le trajet de la lumière, s'éclairent et ce sont eux que nous voyons. Les rayons des lampes électriques produisent des traînées semblables ; les rayons des lampes ordinaires n'ont pas assez d'intensité pour illuminer ces petits corps au point de les rendre visibles. Dans un air parfaitement propre, comme M. Tyndall l'obtient dans une boîte, qu'on tient immobile et dont les parois noircies sont enduites de glycérine, la lumière du soleil elle-même passerait inaperçue : du reste, cette lumière traverse les espaces vides du ciel, et ne se fait voir que dans son propre foyer ou lorsqu'elle rencontre une planète qui la réfléchit. Au reste, la diffusion dans l'air se rapporte aussi bien à la transmission qu'à la réflexion : la lumière est transmise, puisqu'elle traverse l'air ; elle est réfléchie, en tant qu'elle rebrousse chemin à la rencontre des particules de vapeur ou de poussière, ou même des couches d'air d'inégale densité.

CHAPITRE II.

LOIS DE LA RÉFLEXION. — MIROIRS PLANS.

10. Enoncé des lois de la réflexion. — Soit AB la surface d'un miroir plan (*fig.* 6), SI un rayon incident. Au *point d'incidence* I, élevons une perpendiculaire IN au miroir, ce qu'on appelle la *normale*. Le rayon incident et la normale déterminent un plan perpendiculaire au miroir : c'est le *plan d'incidence*. Le rayon incident et la normale font en outre un angle SIN, qui est l'*angle d'incidence*. La réflexion se fait d'après les deux lois suivantes : 1° le rayon réfléchi IR est compris dans le plan d'incidence, ou, ce qui revient au même, le *plan de réflexion*, déterminé par le rayon réfléchi et par la normale, se confond avec le plan d'incidence ; 2° l'*angle de réflexion*, qui est l'angle RIN du rayon réfléchi et de la normale, est égal à l'angle d'incidence.

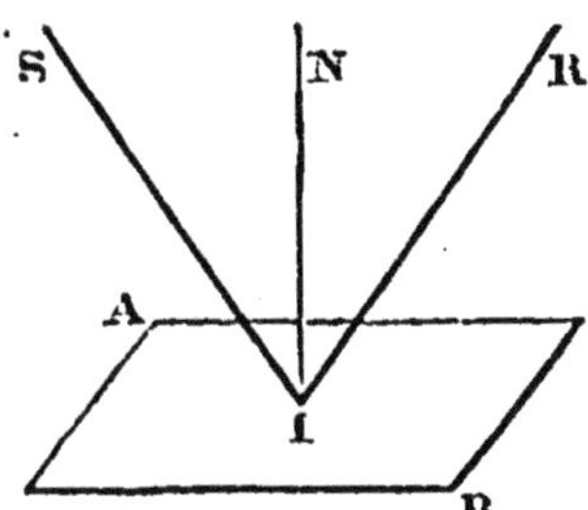

Fig. 6. — Réflexion.

11. Démonstration. — La véritable démonstration des lois de la réflexion est un point de théorie : toute théorie de la lumière en rend compte rigoureusement. On les vérifie avec l'appareil de Silbermann (*fig.* 7). Un cercle divisé, porté verticalement sur un support, porte lui-même, en son centre, un petit miroir I horizontal, et sur son limbe deux tubes mobiles, toujours parallèles à des rayons du cercle et n'ayant qu'une petite ouverture à chaque bout. Devant l'un des

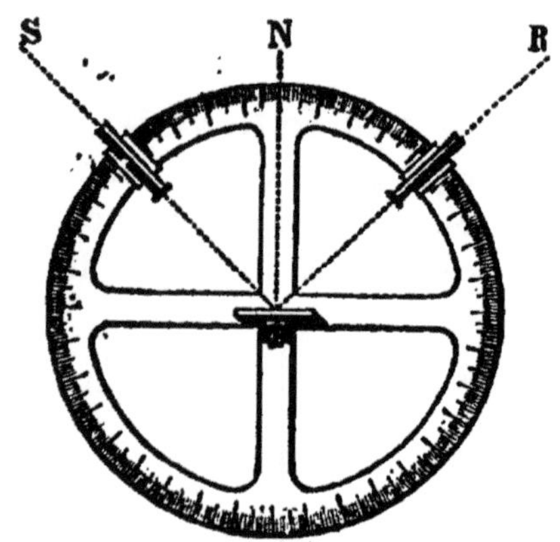

Fig. 7. — Appareil de Silbermann pour la réflexion.

tubes, en S, on place une bougie, et l'on fait courir le second tube sur le limbe jusqu'à ce qu'on trouve une position R qui permette de voir la bougie par réflexion. Les directions SI et RI des tubes représentent alors le rayon incident et le rayon réfléchi ; or ces deux rayons sont compris dans un même plan passant par la normale IN au miroir et parallèle au plan du cercle ; on observe de plus que l'arc RN est égal à l'arc SN.

12. Construction du rayon réfléchi. — D'après les deux lois de la réflexion, on pourra toujours construire de la manière suivante le rayon réfléchi correspondant à un rayon incident. Soit AB la trace du miroir sur le plan du papier pris pour plan d'incidence (*fig.* 8). D'un point S quelconque du rayon incident, abaissons SP perpendiculaire au miroir, prolongeons cette perpendiculaire d'une quantité PS' égale à elle-même, de sorte que S' est symétrique de S par rapport au miroir ; joignons le point S' avec le point d'incidence I et prolongeons S'I suivant IR. Cette droite IR figure le rayon réfléchi. En effet, les deux triangles SPI, S'PI, sont égaux, comme ayant un angle droit compris entre

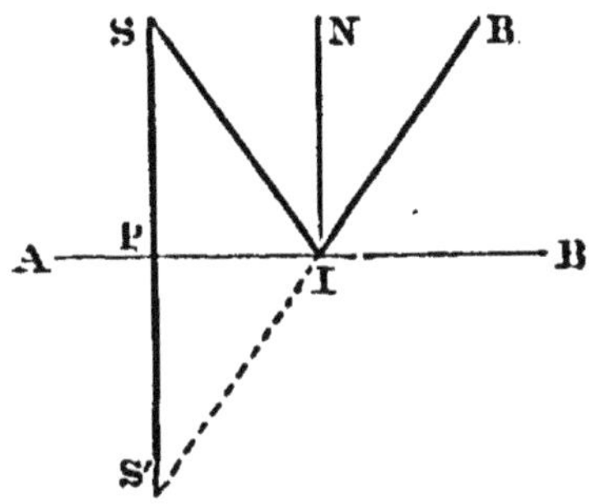

Fig. 8. — Construction du rayon réfléchi.

un côté commun PI et deux côtés égaux PS, PS'. Donc l'angle SIP est égal à l'angle S'IP ou à son opposé par le sommet RIB. D'ailleurs les angles SIP et RIB ont pour compléments les angles SIN et RIN, qui pour cette raison sont égaux. L'angle SIN étant l'angle d'incidence, son égal RIN est nécessairement l'angle de réflexion. Donc IR est bien la direction du rayon réfléchi.

13. Réflexion sur une surface courbe. — Les règles sont les mêmes pour la réflexion d'un rayon SI tombant en un point I d'une surface courbe (*fig.* 9). L'élément de cette surface où se fait l'incidence se confond avec le plan tangent à la surface en ce point. Ce plan tangent AB étant une fois construit, la normale est la perpendiculaire IN à ce plan, et le rayon réfléchi IR doit faire, dans le plan d'in-

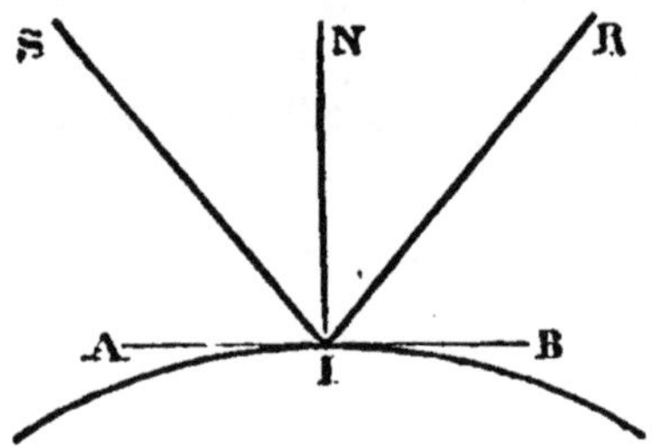

Fig. 9. — Réflexion sur une surface courbe.

cidence prolongé, un angle de réflexion RIN égal à l'angle d'incidence SIN.

11. Diffusion. — Malgré la différence des phénomènes produits par la réflexion régulière et la diffusion (9), celle-ci n'est réellement qu'un cas particulier de celle-là. En effet, soit AB une surface hérissée d'aspérités (*fig.* 10); soit *s*, *s'*,

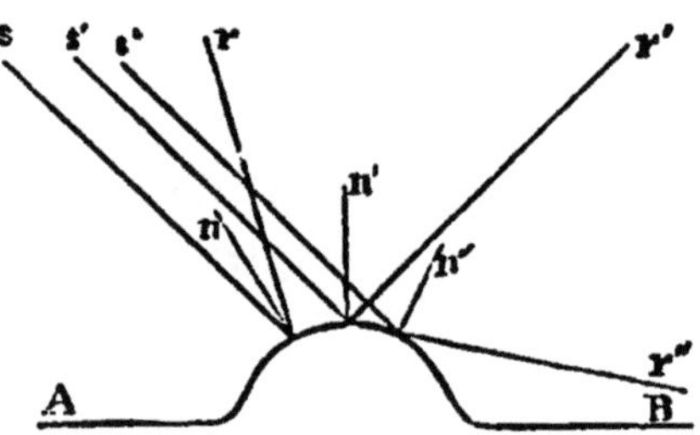

Fig. 10. — Diffusion.

s'', un faisceau de rayons parallèles tombant sur l'une de ces aspérités ; les normales aux différents points d'incidence étant n', *n'*, *n''*, les rayons réfléchis sont *r*, *r'*, *r''*. Par rapport à la surface générale AB, ces rayons réfléchis s'en vont dans tous les sens ; de plus, comme les directions de ces rayons se rencontrent ou à peu près dans des points situés très peu au-dessous de la surface de l'aspérité, cette aspérité paraît être un foyer d'où émanent les rayons réfléchis; la surface AB est ainsi rendue visible comme si elle était lumineuse par elle-même.

Lorsque la lumière incidente rase la surface, les éléments des aspérités qui la réfléchissent sont principalement ceux qui occupent les sommets et qui sont à peu près parallèles à la surface générale. La réflexion est alors à peu près régulière. Il suit de là qu'une surface médiocrement polie miroite d'autant plus qu'on la regarde plus obliquement.

15. Miroirs plans. Foyer virtuel d'un point. — Un point lumineux S, placé devant un miroir plan AB (*fig.* 11),

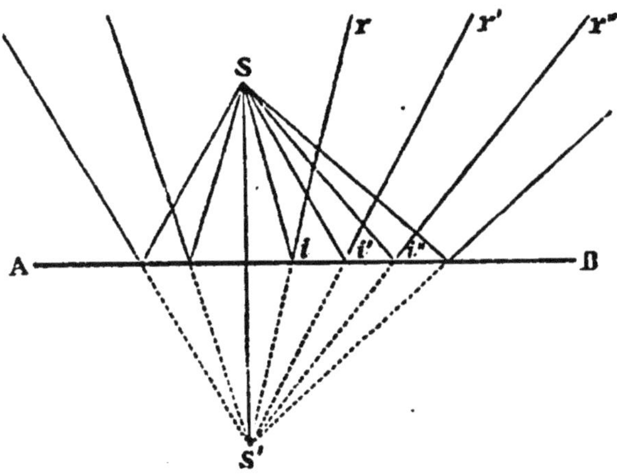

Fig. 11. — Foyer d'un point lumineux.

envoie sur toute la surface du miroir des rayons incidents *Si*, *Si'*, *Si''*; nous aurons les rayons réfléchis correspondants (12), en prenant le point S' symétrique du point S qui est commun à tous les rayons incidents, joignant *S'i*, *S'i'*, *S'i''* et prolongeant. L'œil placé sur le trajet des rayons réfléchis *ir*, *i'r'*, *i''r''*, en reçoit un faisceau et ces rayons lui arrivent comme s'ils venaient directement d'un point situé en S'. Il éprouve donc la même impression que s'il y avait là un point lumineux ; en un mot, il voit en S' l'apparence d'un point lumineux.

Ce point S' est le *foyer* du point S; on l'appelle foyer *virtuel*, pour exprimer que les rayons réfléchis qui semblent en venir ne s'y rencontrent que par leurs prolongements géométriques. Le point lumineux et son foyer sont symétriques l'un de l'autre par rapport à la surface du miroir.

16. Image d'un objet. — Soit CD un objet placé devant un miroir plan (*fig.* 12): qu'il soit lumineux par lui-même

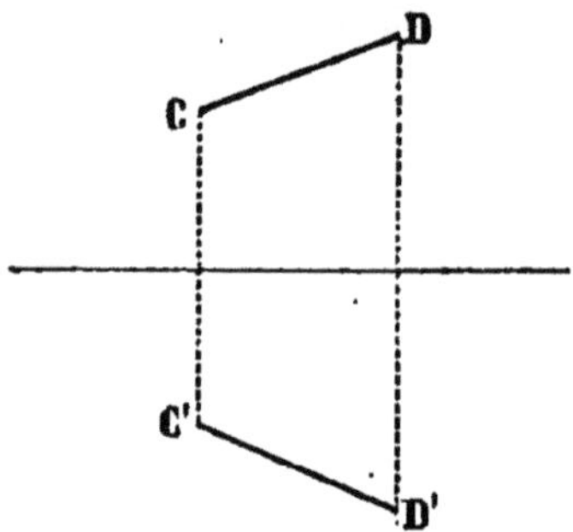

Fig. 12. — Image d'un objet.

ou simplement éclairé, chacun de ses points envoie des rayons à toute la surface du miroir; chacun d'eux a donc, derrière le miroir et dans une position symétrique, un foyer correspondant: le point C a son foyer en C', C et C' étant sur la même perpendiculaire au miroir et à la même distance de celui-ci; le point D a son foyer en D' et de même pour tous les autres points de l'objet. Les rayons réfléchis affecteront donc l'œil de l'observateur comme s'ils venaient d'un objet situé en C'D'. La figure C'D' est donc l'image virtuelle de l'objet CD; elle lui est symétrique par rapport à la surface du miroir.

Notons, comme cas particulier, qu'en vertu de cette symétrie, l'image d'une ligne lumineuse perpendiculaire au miroir serait sur le prolongement de cette ligne.

17. Expériences de vérification. — Ce que nous venons de dire sur l'existence et la position soit d'un foyer, soit d'une image, est une conséquence géométrique des lois de la réflexion. Il est possible de vérifier ces résultats expérimentalement ; les mêmes expériences serviraient au besoin comme démonstration *a priori*.

Sur une feuille de papier horizontale AB (*fig.* 13), plaçons une lame de verre verticale, reposant par la tranche CD, marquons à l'encre sur le papier un point S, représentant un petit objet, et regardons son image par réflexion

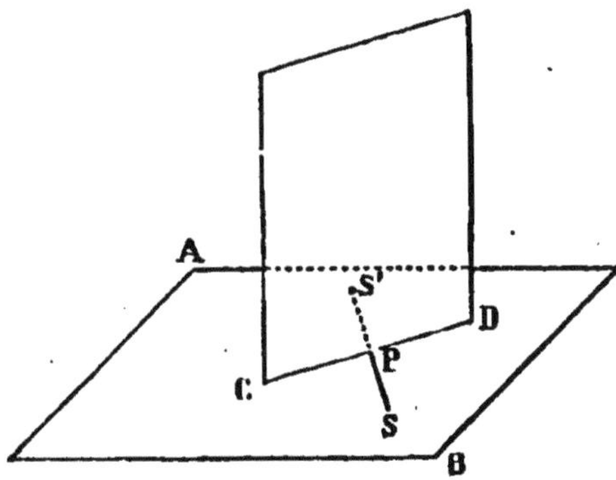

Fig. 13. — Symétrie de l'image et de l'objet par rapport au miroir.

dans cette glace. Comme elle n'est pas étamée, on peut voir la portion du papier qui est par derrière, et marquer le point S' où l'on voit apparaître l'image produite par la réflexion. On trouve alors que S' est sur le prolongement de SP perpendiculaire à CD et que PS' = SP. L'image S' du point S est donc symétrique de ce point par rapport à la glace.

Il est facile de vérifier ce résultat qu'une ligne lumineuse perpendiculaire à un miroir et son image sont en ligne droite. En tenant une mince baguette debout sur un miroir horizontal, on voit nettement l'angle formé par la baguette et son image, dès que la baguette penche d'un côté ou de l'autre. L'angle s'efface pour une seule position, et, si l'on fait alors le tour du miroir en tenant un fil à plomb devant les yeux, on voit qu'il coïncide à la fois avec la baguette et avec l'image.

On peut vérifier comme il suit la symétrie d'un petit objet et de son image avec une glace étamée :

Supposons qu'on fixe devant la glace, au point *S* (*fig.* 14), une perle plus ou moins brillante au bout d'un fil de fer : en se plaçant soi-même un peu plus loin, on regarde cet objet de façon qu'il cache son image S', et l'on marque à l'encre le

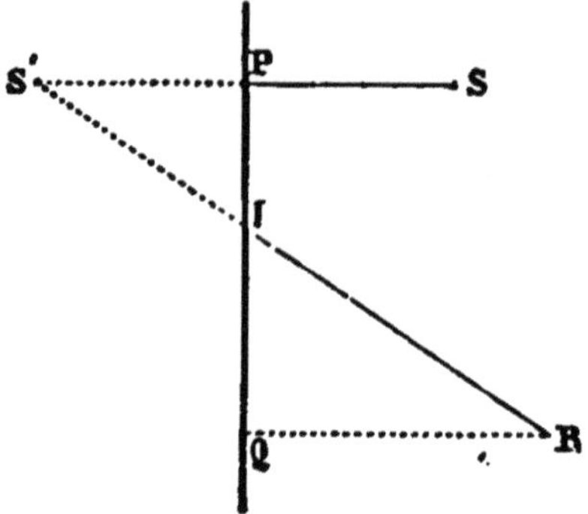

Fig. 14. — Même sujet que pour la figure 13.

point P de la glace qui est dans l'alignement SS'. C'est comme si une baguette était posée entre S et P dans une situation telle que cette baguette SP et son image PS' fussent dans le prolongement l'une de l'autre, ce qui signifie, d'après l'expérience précédente, que la direction SP est perpendiculaire au miroir. On mesure cette longueur SP, qu'on peut prendre d'ailleurs pour la distance du point S à la surface étamée de la glace si celle-ci est très mince. Disposant en R un autre petit objet, on mesure par le même procédé la distance RQ au miroir et l'on prend la distance PQ. Puis, tenant l'œil devant R et regardant de façon que l'objet R cache l'image S' de S, on marque sur la glace le point I qui est dans l'alignement RS' et on mesure PI. — Ces mesures étant prises, on fait une épure avec la longueur PQ, la distance SP, la distance RQ, la longueur PI et la droite RI. En prolongeant alors SP et RI au delà de PQ jusqu'à leur rencontre, on a un point S' et l'on reconnaît que PS' = PS.

18. Miroir oscillant. — Lorsqu'un miroir tourne d'un certain angle autour d'un axe perpendiculaire au plan d'incidence, la direction du rayon incident restant constante, le rayon réfléchi tourne d'un angle double. Soit AB la première position d'un miroir, SI le rayon incident, IR le rayon réfléchi (*fig.* 15). Le miroir, prenant la position A'B', tourne

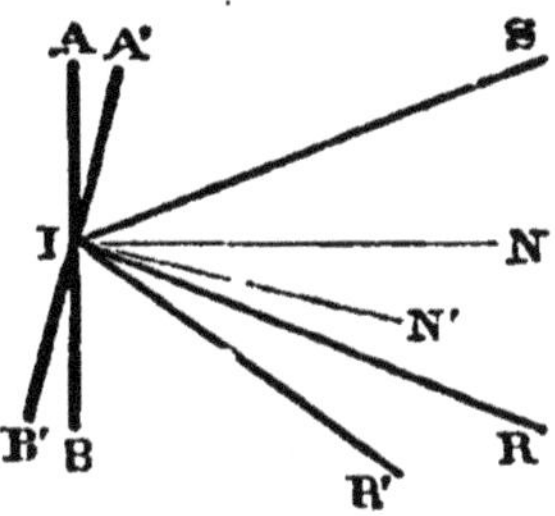

Fig. 15. — Miroir oscillant.

d'un angle AIA' ; la normale tourne d'un angle égal NIN', en même temps l'angle d'incidence SIN augmente de ce même angle. Donc, pour faire avec la nouvelle normale IN' un angle de réflexion égal au nouvel angle d'incidence SIN', le rayon réfléchi doit tourner en quelque sorte deux fois, c'est-à-dire que sa nouvelle direction IR' fait avec l'ancienne IR un angle RIR', double de l'angle dont le miroir a tourné. — Cette propriété est utilisée dans beaucoup d'expériences.

19. Images dans deux miroirs parallèles. — Un objet étant placé entre deux miroirs parallèles se fait voir derrière chacun des miroirs par une série indéfinie d'images qui vont en s'affaiblissant et finissent par s'évanouir. C'est un phénomène qu'on remarque souvent dans les salons. Soit L le point lumineux (*fig.* 16), M, N, les deux miroirs. Les rayons qui suivent la route L *a* O, en se réfléchissant sur la glace M, suivant *a r*, font voir à l'œil O une image

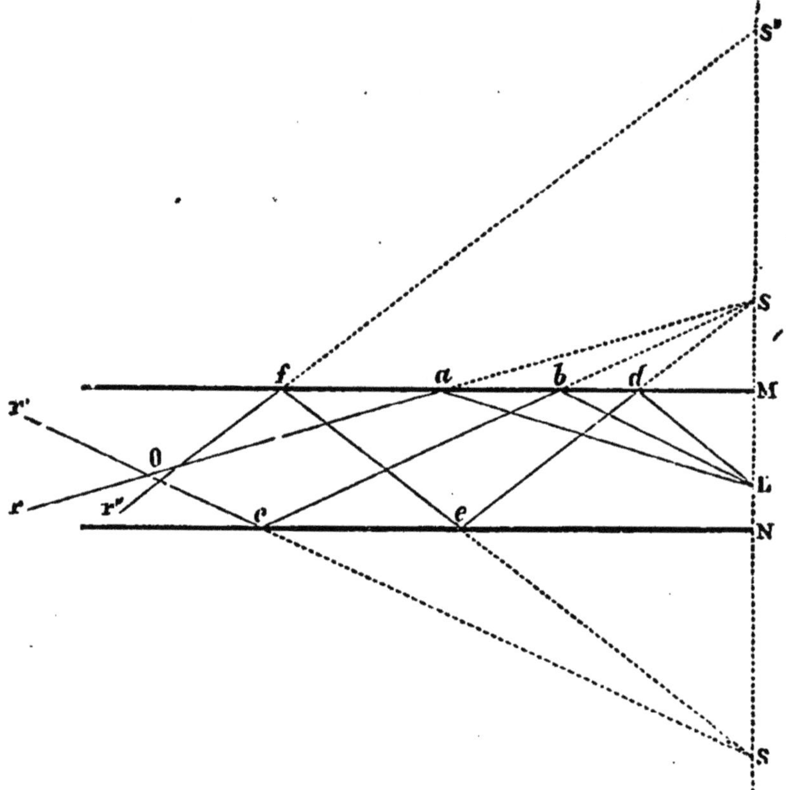

Fig. 16. — Miroirs parallèles.

en S symétrique de L par rapport à la surface M. D'autres rayons vont de L en *b*, se réfléchissent en *b*, et ont alors la direction *bc* comme s'ils émanaient du point S ; ils se réfléchissent de nouveau en *c* sur la glace N, suivant la direction *c* O *r'* et font une image S' symétrique du point S par rapport à la surface N. Ces rayons, deux fois réfléchis, sont comme s'ils partaient du point S'. D'autres rayons éprouvent trois réflexions en *d*, en *o*, en *f*, et vont atteindre l'œil O en suivant la direction *fr*″, et, comme en tombant sur la glace M en *f* ils semblent venir du point S′, ils font par réflexion sur cette glace une image S″ symétrique de S′ par rapport à M. Il doit être entendu que chacune des directions dessinées sur la figure représente un faisceau de rayons entrant dans l'œil. On prouverait de même qu'une quatrième réflexion donne une quatrième image et ainsi de suite. On aurait de même une seconde série d'image alternativement derrière N et M en commençant par la glace N. L'affaiblissement progressif des images s'explique par la perte de lumière qui a eu lieu à chaque réflexion.

20. Images dans les glaces étamées. — Les images qu'on voit derrière une glace étamée ont à peu près la même origine. L'image la plus rapprochée de la glace, et qui est très faible, est produite par la réflexion d'une partie de la lumière à la surface extérieure du verre. Derrière cette image, à une distance double de l'épaisseur de la glace, se voit l'image principale produite par la lumière qui traverse le verre, se réfléchit sur la surface du tain, sort du verre et atteint l'œil ; mais une partie du rayon, réfléchie par la surface métallique, se reflechit à l'intérieur du verre contre la face antérieure, retourne à la surface étamée, se réfléchit de nouveau et sort de la glace : ces rayons, deux fois réfléchis, font une troisième image derrière l'image principale. Comme ces rayons ne sortent pas tous, quelques-uns éprouvent de nouveau le même effet et font une quatrième image plus éloignée et plus faible que la précédente et ainsi de suite. Les miroirs de métal poli ne donnent qu'une image : on les emploie pour cette raison dans les télescopes où la netteté des images est une condition essentielle.

21. Images dans deux miroirs inclinés. — Soit un point lumineux L entre deux miroirs MN, formant entre eux un angle droit (*fig.* 17). Une partie des rayons réfléchis par le miroir M reviennent vers l'observateur placé lui-même dans l'angle des miroirs et lui font voir une image en I_1. Une autre partie des rayons réfléchis par M tombent sur N, ayant alors la même direction que s'ils partaient de I_1, et par réflexion sur N produisent l'image L' symétrique de I_1, par rapport à N. De même les rayons réfléchis une première fois par N donnent

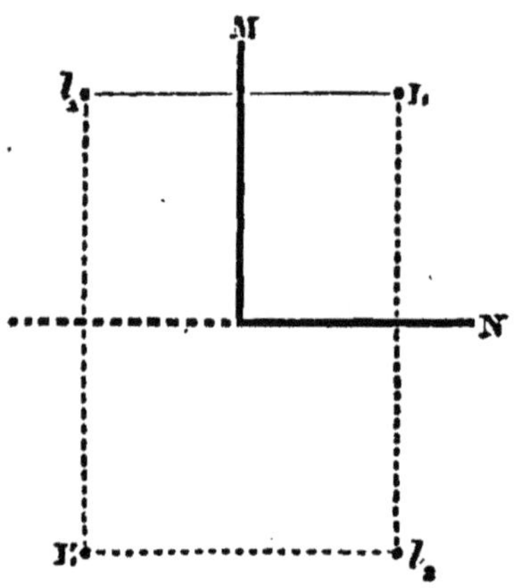

Fig. 17. — Miroirs à angle droit.

l'image I_2, et par une seconde réflexion sur M une image qui se confond avec L'. L'observateur peut donc voir l'objet quatre fois, y compris le point lumineux lui-même.

On peut s'exercer, par des constructions géométriques bien faites, à déterminer les images produites par deux miroirs faisant entre eux un angle qui soit contenu un nombre entier de fois dans quatre angles droits. On trouvera d'abord que toutes les images sont situées sur une même circonférence passant par le point lumineux et ayant son centre sur l'intersection des miroirs. Ensuite, si l'arc qui mesure l'angle des miroirs est contenu n fois dans la circonférence, n étant pair, le nombre des images y compris le point lumineux est n : ce nombre est 4 pour un arc de 90°, 6 pour un angle de 60°, 8 pour un angle de 45°, etc. Si n est impair et que le point lumineux soit juste au milieu de l'arc entre les deux miroirs, le nombre des images est encore n. Si n est impair et si le point est plus rapproché d'un miroir que de l'autre, le nombre des images est $n+1$, y compris toujours le point lumineux.

La multiplication des images par les miroirs inclinés est le principe du kaléidoscope.

CHAPITRE III.

MIROIRS SPHÉRIQUES CONCAVES ET CONVEXES.

22. — Miroirs sphériques, définitions. — Un miroir sphérique a la forme d'une calotte de sphère : il est dit *concave*, s'il est poli en dedans ; *convexe*, s'il est poli en dehors. On appelle *sommet du miroir*, le pôle A du petit cercle qui limite la calotte ; *axe principal*, la droite AC qui joint ce pôle au centre C de la sphère dont le miroir fait partie ; *ouverture du miroir*, le nombre de degrés contenu dans l'arc MN (*fig.* 18.), qui est la trace de la calotte sur un

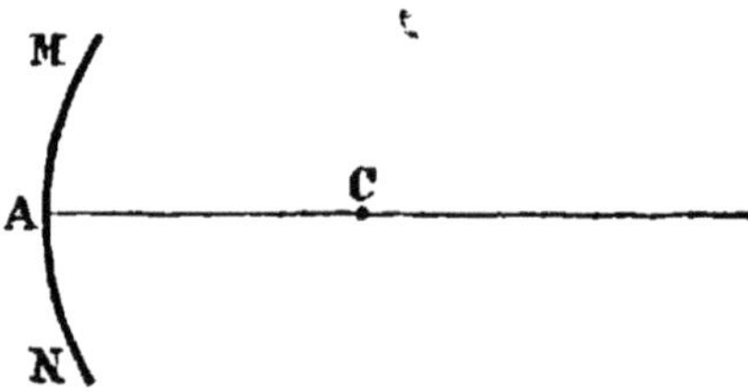

Fig. 18. — Miroir concave.

plan passant par l'axe principal. On s'arrange ordinairement pour que cette ouverture soit petite : cela suppose que le miroir a peu d'étendue, si sa courbure est assez prononcée, ou que la courbure est faible si le miroir est assez grand.

23. Miroirs concaves. Foyer d'un point lumineux situé sur l'axe principal. — Soit MN (*fig.* 19) l'intersection d'un miroir concave par le plan de la figure, A son sommet, C le centre de la sphère, AC l'axe principal, P un point lumineux sur cet axe, PI un des rayons incidents. Le rayon réfléchi correspondant doit faire avec la normale le même angle que le rayon incident. Or, la normale, qui est la perpendiculaire au plan tangent mené à la sphère par le

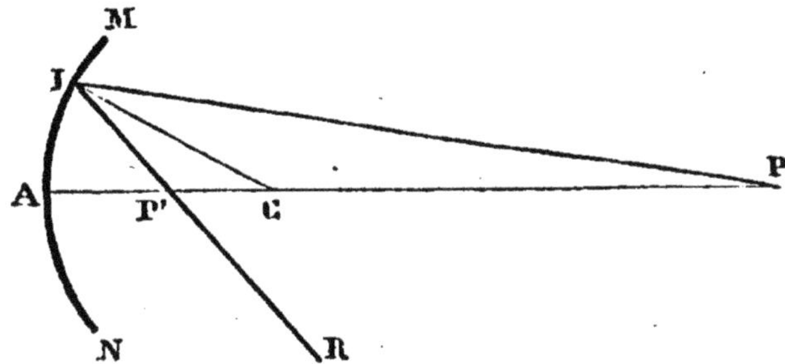

Fig. 19. — Réflexion par un miroir concave.

point I (13), n'est autre que le rayon IC de la sphère ; CIP est donc l'angle d'incidence. La droite IR, faisant de l'autre côté de la normale un angle RIC = PIC, représente donc le rayon réfléchi. Il coupe l'axe principal au point P'.

Il est évident que tous les rayons incidents qui tombent sur le miroir le long d'un petit cercle passant par le point I donnent lieu à des rayons réfléchis qui croisent l'axe principal au même point P'. On ne peut rien dire *a priori* des rayons plus rapprochés ou plus éloignés de l'axe principal. Nous allons voir que, sous la condition d'une très petite ouverture du miroir, tous les rayons réfléchis concourent sensiblement en un même point.

Dans le triangle PIP', la droite IC étant bissectrice de l'angle PIP', on a

$$\frac{IP}{IP'} = \frac{CP}{CP'}$$

Avec la condition que l'arc AI est d'un très petit nombre

de degrés, les deux longueurs PI et P'I ne diffèrent pas sensiblement des longueurs PA et P'A. On peut donc poser

$$\frac{PA}{P'A} = \frac{CP}{CP'}.$$

Soit $PA = p$, $P'A = p'$ et $CA = R$: on a par cela même $CP = p\text{-}R$ et $CP' = R\text{-}p'$, donc :

$$\frac{p}{p'} = \frac{p-R}{R-p'}; \text{ d'où } pR + p'R = 2pp',$$

Ou, en divisant les deux membres par $pp'R$,

$$\frac{1}{p} + \frac{1}{p'} = \frac{2}{R}.$$

Cette équation permet, étant donné R et p, c'est-à-dire le rayon du miroir et la distance du point lumineux au miroir, de calculer p'. Or, p' est la distance du miroir au point où l'axe principal est coupé par un rayon réfléchi provenant d'un rayon incident quelconque, puisque la petitesse de l'ouverture a permis d'affranchir la formule de tout ce qui aurait pu déterminer la direction du rayon incident. Le point P' est donc le point de concours de tous les rayons réfléchis par le miroir. On l'appelle le *foyer* conjugué du point P.

Cette dénomination est d'autant plus juste que la construction précédente et l'équation qui s'en déduit sont réciproques, c'est-à-dire que, si le point lumineux était en P' à la distance p' du miroir, le foyer serait en P à la distance p.

21. Aberration de sphéricité. — Il n'y a pas de foyer proprement dit, quand l'ouverture du miroir est d'une grandeur appréciable. Si l'on fait une figure applicable à ce cas (*fig.* 20), en observant exactement l'égalité des angles de réflexion et d'incidence, on reconnaît que les rayons réfléchis à des points d'incidence de plus en plus éloignés du sommet se coupent deux à deux dans le même plan passant par l'axe, et que le point de concours des rayons correspondants à un même petit cercle se rapproche de plus en plus du miroir. La formule qui traduirait cette construction contiendrait l'angle que fait avec l'axe principal la normale au point d'incidence.

Il se forme donc autour de l'axe une *surface lumineuse*, qu'on appelle une *surface caustique*, et dont la trace sur un écran est d'autant plus resserrée et d'autant plus brillante,

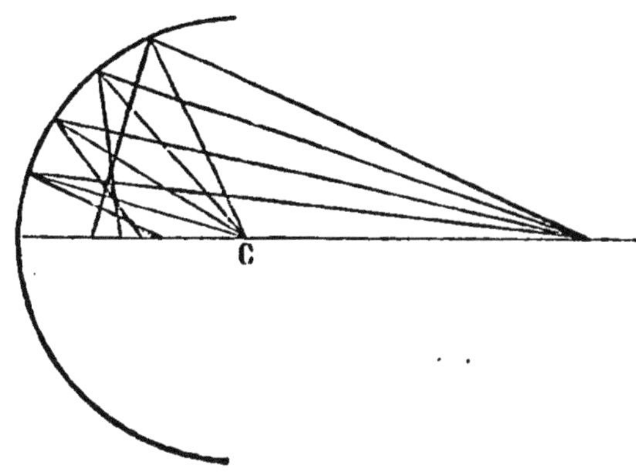

Fig. 20. — Aberration de sphéricité.

qu'on se rapproche davantage du point où aboutissent les rayons réfléchis par la partie centrale du miroir. C'est ce même point que l'on obtient pour foyer lorsqu'on suppose que tous les rayons incidents tombent sur le miroir très près du sommet.

On a souvent l'occasion d'observer ces traces lumineuses : on en voit, par exemple, dans les vases de forme cylindrique ou sphérique, polis intérieurement et assez évasés pour recevoir les rayons d'une lampe.

25. Différentes positions du foyer selon la position du point lumineux sur l'axe principal. — Revenons au cas d'un véritable foyer. La position du foyer sur l'axe principal dépend de celle du point lumineux. On s'en assure par des figures bien faites ou par la discussion de la formule

$$\frac{1}{p}+\frac{1}{p'}=\frac{2}{R}.$$

La figure 21 représente le cas où le point lumineux est tellement éloigné que les rayons incidents peuvent être considérés comme parallèles à l'axe.

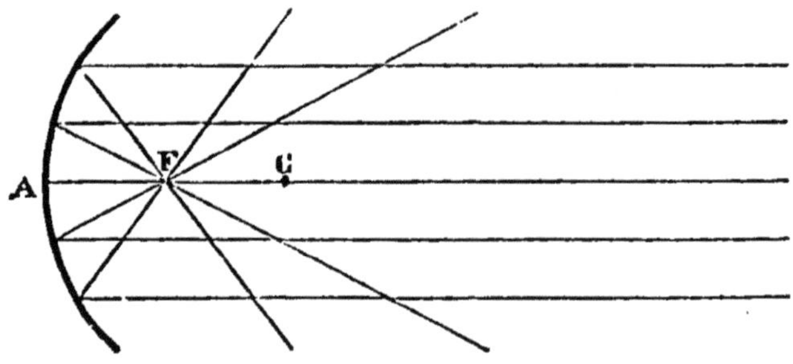

Fig. 21. — Foyer des rayons parallèles à l'axe principal.

Dans ce cas $p=\infty$ et par conséquent $\frac{1}{p}=0$. Il en résulte $p'=\frac{R}{2}$, c'est-à-dire que le foyer est au milieu F de la distance entre le miroir et le centre de la sphère. Ce foyer porte le nom de *foyer principal*. En désignant par f sa distance au miroir, qu'on appelle *distance focale principale*, ou a $f=\frac{R}{2}$; l'introduction de f dans l'équation ci-dessus lui donne la forme

$$\frac{1}{p}+\frac{1}{p'}=\frac{1}{f}.$$

On détermine par expérience la distance focale d'un miroir concave, et par suite son rayon, en présentant le miroir au soleil, et en cherchant avec un petit écran de papier le point où il est le plus vivement éclairé par les rayons réfléchis.

La comparaison des figures 21, 22 et 23 montre que le foyer P′ s'éloigne du miroir, à mesure que le point lumineux P s'en rapproche. — La formule apprend aussi que, pour maintenir constant le second membre $\frac{2}{R}$ ou $\frac{1}{f}$, il faut que p' augmente quand p diminue.

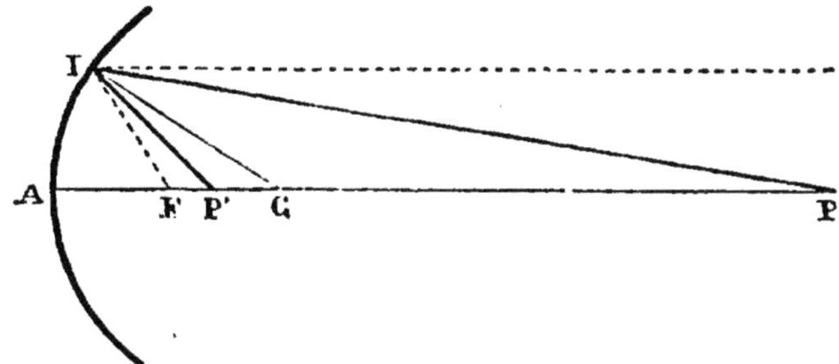

Fig. 22. — Point lumineux sur l'axe principal.

Le foyer et le point se rejoignent au centre C du miroir : dans ce cas, les rayons incidents et les rayons réfléchis se

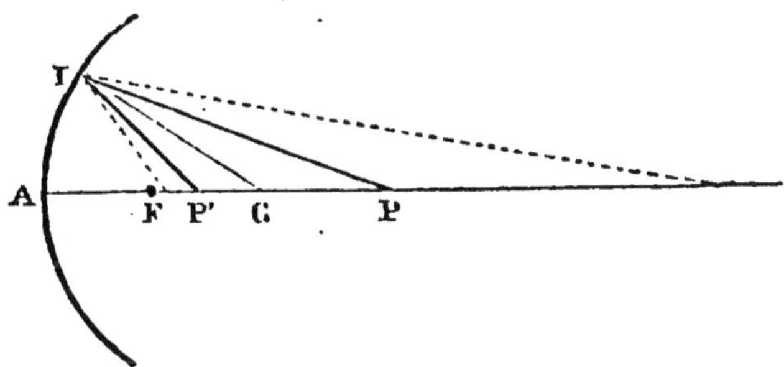

Fig. 23. — Point lumineux plus rapproché du miroir.

confondent avec les normales. Dans la formule, on a $p = 2f$ et par conséquent aussi $p' = 2f$.

Toutes ces conséquences se vérifient expérimentalement avec une bougie et un petit écran promenés au-devant d'un miroir concave.

Les résultats sont réciproques aux précédents quand le

point lumineux s'avance du centre C du miroir vers le foyer principal F. Le foyer passe alors au delà du centre et s'éloigne de plus en plus. L'expérience faite avec une bougie donne alors, comme il sera expliqué plus loin, de grandes images de la flamme : la position du foyer pour chaque point est déterminée par la plus grande netteté de l'image.

Lorsque le point lumineux est au foyer principal F, les rayons réfléchis sont parallèles à l'axe principal (*fig.* 21.) Dans la formule, on a $p = f$ et par suite $p' = \infty$.

26. Foyer virtuel. — Reste à savoir ce qui arrive lorsque le point lumineux P est placé entre le foyer F et le miroir

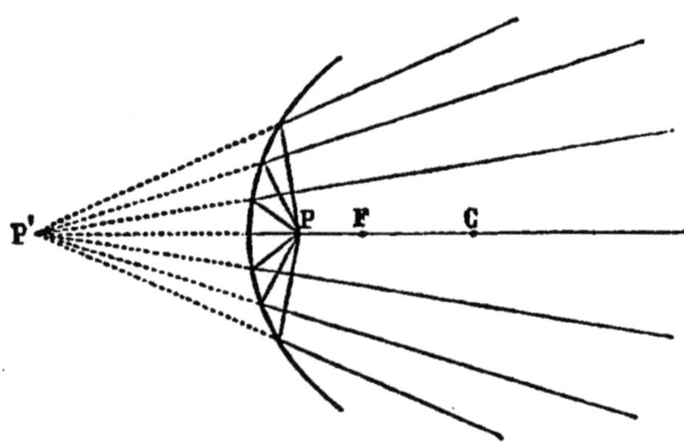

Fig. 24. — Foyer virtuel.

La figure 24 montre que les rayons réfléchis sont divergents au-devant du miroir, mais leurs prolongements géométriques se rencontrent derrière le miroir en un point P'. Comme ce point est plus loin du miroir que le point lumineux P, les rayons réfléchis sont moins divergents que les rayons incidents.

Pour avoir la formule qui convient à ce cas, il faut considérer la bissectrice IC de l'angle extérieur du triangle PIP' (fig. 25). La figure donne

$$\frac{\mathrm{PI}}{\mathrm{P'I'}}, \text{ ou sensiblement } \frac{\mathrm{PA}}{\mathrm{P'A}}=\frac{\mathrm{CP}}{\mathrm{CP'}}.$$

$$\text{Par conséquent } \frac{p}{p'}=\frac{\mathrm{R}-p}{\mathrm{R}+p'}\text{ ; d'où } p'\mathrm{R}-p\mathrm{R}=2pp'$$

$$\text{et } \frac{1}{p}-\frac{1}{p'}=\frac{2}{\mathrm{R}} \text{ ou } \frac{1}{p}-\frac{1}{p'}=\frac{1}{f}.$$

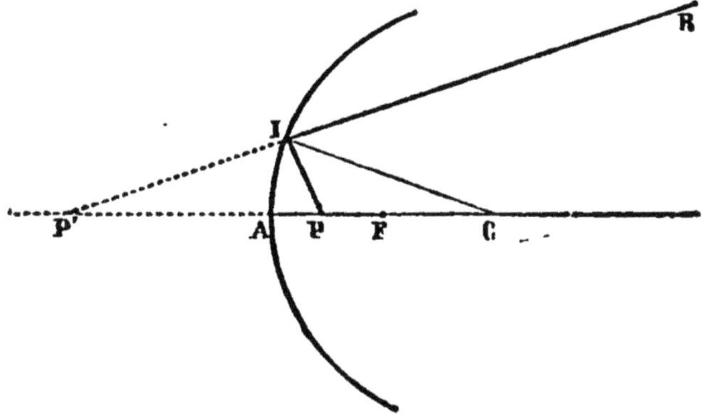

Fig. 25. — Position du foyer virtuel.

C'est la même formule que précédemment, avec un changement de signe pour p', comme si les distances au miroir étaient positives à droite et négatives à gauche.

Pour $p=f$ on trouve $p'=-\infty$: ce qui signifie que les rayons réfléchis, étant alors parallèles à l'axe principal, ne font de foyer ni devant, ni derrière le miroir. — Puisque $\frac{1}{p'}=\frac{1}{p}-\frac{1}{f}$, $\frac{1}{p'}$ est moindre que $\frac{1}{p}$ et par suite p' est plus grand que p, comme nous l'avons dit ci-dessus ; p' et p ne deviennent égaux qu'en devenant nuls, c'est-à-dire quand le point lumineux atteint le miroir.

Le foyer conjugué d'un point situé entre le miroir et le

foyer principal est un foyer virtuel. On n'y peut pas placer un écran, mais il se montre aux yeux d'un observateur qui, étant devant le miroir, reçoit un faisceau de rayons réfléchis.

La réciproque de ce cas serait celui où les rayons incidents tomberaient en convergeant sur le miroir, de façon que leurs prolongements dussent se rencontrer en P' ; les rayons réfléchis se rencontreraient alors en P ; et la formule serait $-\frac{1}{p}+\frac{1}{p'}=\frac{1}{f}$, $-p$ se rapportant aux rayons incidents, p' aux rayons réfléchis.

Dans tous les cas, les miroirs concaves fonctionnent comme miroirs convergents. Cela est manifeste lorsqu'il s'agit des foyers réels, puisqu'alors les rayons incidents sont divergents et que les rayons réfléchis sont convergents. C'est encore vrai lorsque le foyer devient virtuel, puisque, comme nous l'avons fait remarquer ci-dessus, les rayons réfléchis divergent moins que les rayons incidents ; enfin, dans le cas particulier des rayons incidents convergents, la convergence est plus grande pour les rayons réfléchis.

27. Foyer d'un point lumineux situé hors de l'axe principal. — Soit un point lumineux Q situé hors de l'axe principal, (*fig.* 26). La droite QCB qui joint le point lumineux au centre C est appelée *axe secondaire*. Cet axe ne diffère pas géométriquement de l'axe principal, puisque, sur

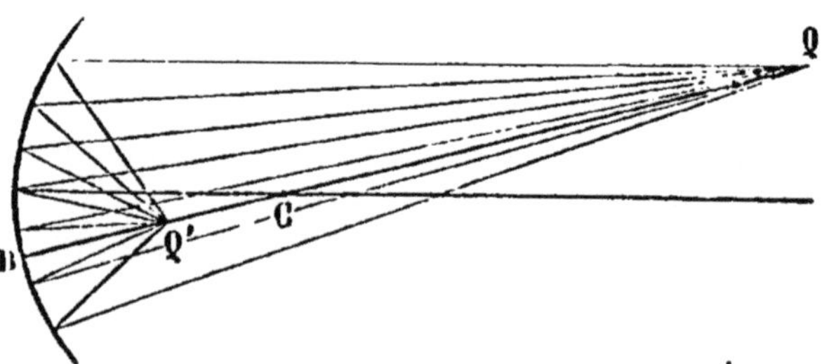

Fig. 26. — Point lumineux situé hors de l'axe principal.

la surface sphérique du miroir, tous les points sont identiques; physiquement, il importe peu que le miroir ne soit pas également étendu tout autour du point B, puisque nous ne considérons que les rayons réfléchis par les points très voisins de l'axe. Donc le point lumineux Q aura un foyer Q' situé sur l'axe secondaire. On pourrait appliquer, à l'axe QB et aux points Q et Q', la même construction et la même formule que nous avions pour l'axe principal et pour les points P et P'.

On construit plus simplement le foyer Q' de la manière suivante. On mène d'abord l'axe secondaire QCB (*fig.* 27), puis

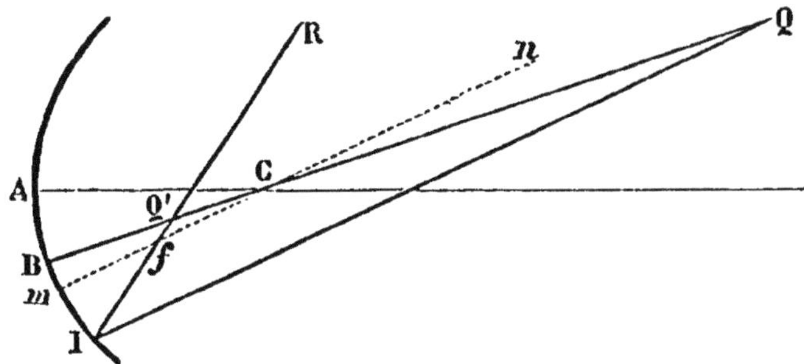

Fig. 27. — Construction du foyer d'un point situé hors de l'axe principal.

un rayon quelconque QI tombant sur le miroir; et un axe m C n parallèle à ce rayon. Le rayon réfléchi IR coupera cet axe au milieu f de la distance m C, ce milieu f jouant le rôle de foyer principal pour des rayons incidents parallèles à l'axe. Le point Q', où le rayon réfléchi va rencontrer l'axe secondaire QB, est en même temps le point de concours de tous les autres rayons réfléchis, c'est-à-dire le foyer conjugué du point Q.

28. Image d'un objet. — On construit l'image d'un objet en déterminant le foyer conjugué de chacun de ses points sur l'axe secondaire correspondant. Soit PQ l'objet placé devant un miroir concave (*fig.* 28) au delà du centre. Le foyer du point P est en P' sur l'axe secondaire PC, le foyer de Q en Q' sur l'axe QC. Les autres points de l'objet auront aussi leurs foyers conjugués. Supposons que l'objet PQ soit dans un plan perpendiculaire à l'axe principal, et admettons qu'il en est de même de l'image P'Q' : cette supposition n'est pas conforme à une théorie rigoureuse, mais

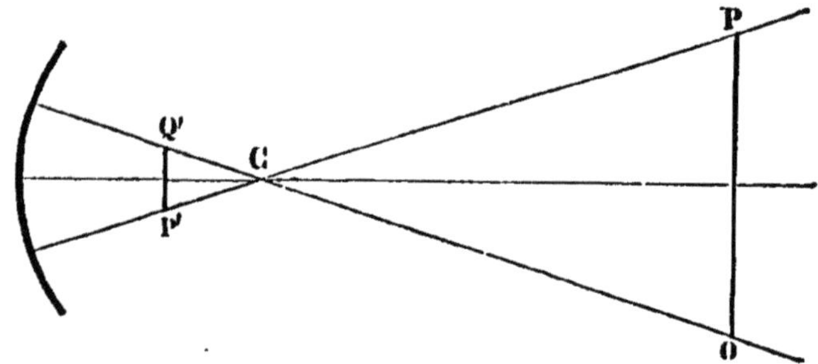

Fig. 28. — Image d'un objet.

elle est suffisamment vérifiée par l'expérience, surtout quand les différents points de l'objet ne s'écartent pas beaucoup de l'axe principal.

La figure montre que l'image est renversée par rapport à l'objet et qu'elle est plus petite que l'objet. Elle est d'ailleurs réelle. Elle est donc capable d'éclairer un écran et de se montrer ainsi à tous les assistants d'une salle. On fait l'expérience avec la flamme d'une bougie.

La même figure 28 convient au cas où l'objet est placé entre le centre et le foyer principal. Alors P' Q' représente l'objet, P Q, l'image. Elle est toujours réelle, renversée et plus grande que l'objet. L'expérience de vérification se fait comme précédemment.

Le rapport des dimensions linéaires de l'image aux dimensions correspondantes de l'objet, est ce qu'on appelle le grossissement. Les triangles semblables CPQ et CP'Q' donnent :

$$\frac{P'Q'}{PQ}=\frac{CP'}{CP}.$$

En désignant par p et par p' les distances de l'objet et de l'image au miroir, comptées sur l'axe principal, le rapport devient :

$$\frac{P'Q'}{PQ}=\frac{R-p'}{p-R}.$$

Éliminant p' entre cette équation et l'équation

$$\frac{1}{p}+\frac{1}{p'}=\frac{2}{R},$$

on trouve

$$\frac{P'Q'}{PQ}=\frac{R}{2p-R}.$$

Cette relation fait voir que le grossissement est moindre que 1, c'est-à-dire que l'image est plus petite que l'objet lorsque p est plus grand que R. C'est le cas où l'objet PQ est au delà du centre par rapport au miroir. L'objet étant très loin, si l'on fait $p=\infty$, on a 0 pour le rapport de l'image à l'objet, c'est-à-dire que l'image, obtenue au foyer principal, se réduit à un point.

Si au contraire p est plus petit que R, $2p-R$ est moindre que R, le rapport est plus grand que 1, et par conséquent l'image P' Q' est plus grande que l'objet PQ. L'objet est alors placé entre le miroir et le centre. L'image est égale à l'objet lorsque $p=R$, c'est-à-dire lorsque l'objet est au centre du miroir et alors l'image y est aussi.

L'objet étant placé entre le foyer principal et le miroir, chacun de ses points a un foyer virtuel sur l'axe secondaire correspondant. Les axes secondaires des points P et Q sont CP et CQ (*fig.* 29) ; les foyers P'Q' se font sur les prolongements de ces axes au delà du miroir. L'image P'Q' est virtuelle ; elle est droite par rapport à l'objet et plus grande que l'objet. On a une vérification de ces déductions géométriques dans l'usage des miroirs grossissants, dits miroirs à barbe.

Le rapport des dimensions linéaires de l'image à celles de l'objet est

$$\frac{P'Q'}{PQ}=\frac{CP'}{CP}=\frac{p'+R}{R-p}.$$

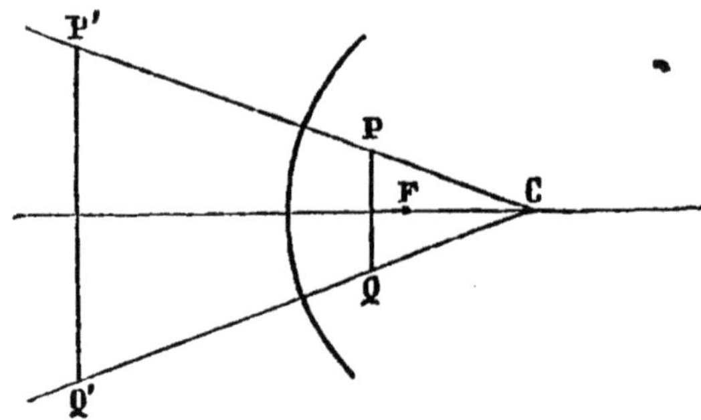

Fig. 29. — Image virtuelle d'un objet.

En transformant cette expression avec la relation

$$\frac{1}{p}-\frac{1}{p'}=\frac{2}{R},$$

on a

$$\frac{P'Q'}{PQ}=\frac{R}{R-2p}.$$

Comme p est plus petit que la distance focale principale, c'est-à-dire que $\frac{R}{2}$, $R-2p$ est positif et moindre que R. Donc la formule, comme la construction géométrique dont elle est la traduction, et comme l'expérience, montre que l'image P'Q' est plus grande que l'objet PQ. L'une ne devient égale à l'autre que si $p=0$, c'est-à-dire si l'objet est au contact du miroir. Nous savons déjà (26) qu'ils se rejoignent dans cette position extrême.

29. Miroirs convexes. Foyers et images. — Soit PI un des rayons émis par le point P vers le miroir convexe MN (*fig.* 30). Il se réfléchit en I suivant IR. Les autres rayons, se comportant de même, forment au-devant du miroir un faisceau divergent : il n'y a donc pas devant le miroir de foyer réel, mais les prolongements des

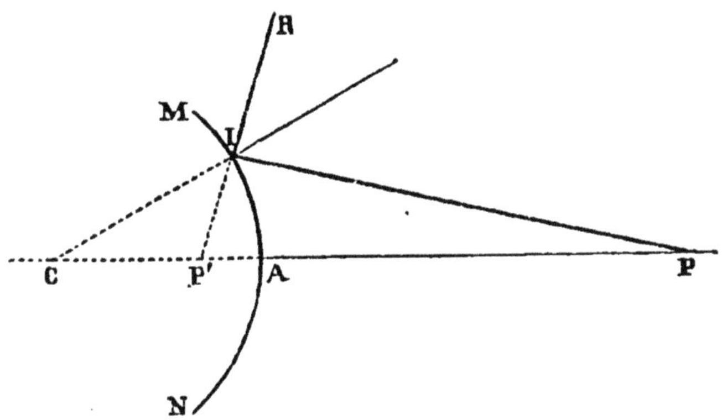

Fig. 30. — Réflexion par un miroir convexe.

rayons réfléchis, se rencontrant sensiblement en P', forment en ce point un foyer virtuel.

La bissectrice CI de l'angle PIR extérieur au triangle PIP' fournit la relation suivante :

$$\frac{\mathrm{PI}}{\mathrm{P'I}}, \text{ ou sensiblement } \frac{\mathrm{PA}}{\mathrm{P'A}} = \frac{\mathrm{PC}}{\mathrm{P'C}},$$

ou

$$\frac{p}{p'} = \frac{p+\mathrm{R}}{\mathrm{R}-p'}.$$

On tire de là

$$p'\mathrm{R} - p\mathrm{R} = -2pp' \text{ ou } \frac{1}{p} - \frac{1}{p'} = -\frac{2}{\mathrm{R}}.$$

C'est la même formule $\frac{1}{p} + \frac{1}{p'} = \frac{2}{\mathrm{R}}$, que nous avons trouvée pour le premier cas des miroirs concaves en y changeant les signes de p' et de R, comme si la distance du miroir au foyer et le rayon du miroir devenaient négatifs en passant à gauche du miroir.

Puisque $\frac{1}{p} = \frac{1}{p'} - \frac{2}{R}$, $\frac{1}{p}$ est toujours plus petit que $\frac{1}{p'}$, par conséquent p est plus grand que p' : d'où l'on voit que le faisceau divergent des rayons réfléchis est plus divergent que le faisceau incident. Les miroirs convexes sont donc des *miroirs divergents*.

Pour $p = \infty$, on a $p' = \frac{R}{2}$. Le foyer des rayons incidents parallèles à l'axe principal, est donc au milieu du rayon CA. A mesure que p diminue, p' diminue aussi, et par conséquent le foyer P' d'un point lumineux P est toujours placé entre le foyer principal et le sommet A. Pour déterminer par expérience le foyer F, qui est virtuel, on expose le miroir au soleil après l'avoir recouvert d'une feuille de papier noir percée de deux trous, (*fig.* 31) et l'on dispose devant le miroir

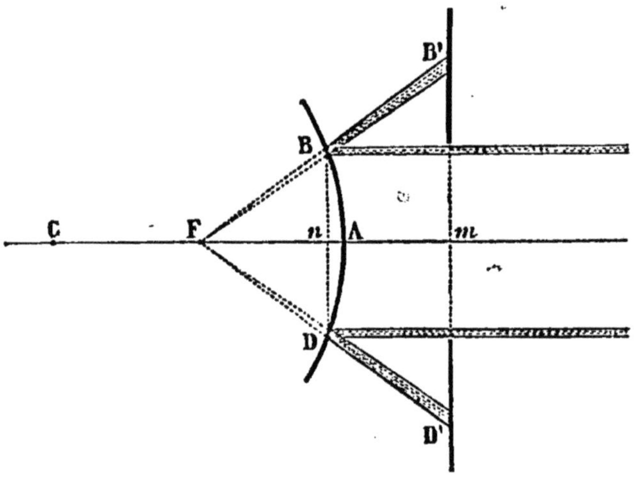

Fig. 31. — Distance focale d'un miroir convexe.

un écran largement évidé, qui laisse arriver les rayons de soleil sur les deux points découverts B et D du miroir. Les rayons réfléchis, dont les prolongements passent par F, marquent sur l'écran deux traces lumineuses, B' et D'. On fait varier la position de l'écran jusqu'à ce que la distance B'D' de ces deux images soit le double de la distance BD des deux ouvertures B et D. Il s'ensuit que la distance F*m* du foyer à l'écran est double de la distance F*n* ou sensiblement de la distance FA du foyer au miroir. Il suffit donc de mesurer *m*A pour avoir la distance focale FA, et par suite le rayon de courbure CA, qui est double de FA.

Si le miroir recevait un faisceau de rayons convergents, la marche des rayons serait représentée par la figure 30, en prenant R I pour rayon incident, et IP pour rayon réfléchi. Le miroir serait encore divergent, puisque la convergence du faisceau réfléchi vers le point P serait moindre que la convergence du faisceau incident vers P'. Le point P', pris entre le miroir et son foyer principal, représenterait un foyer lumineux virtuel, tandis que le foyer P serait réel.

Pour construire le foyer d'un point Q situé hors de l'axe principal, on mène l'axe secondaire QC sur lequel doit se trouver le foyer (*fig.* 32). On mène ensuite un rayon incident

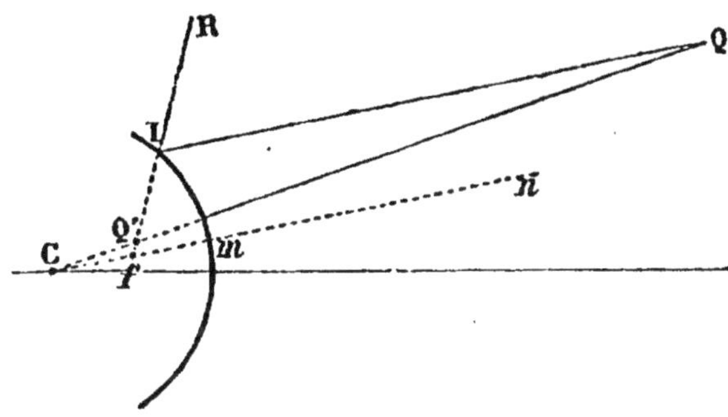

Fig. 32. — Construction du foyer.

QI et un axe auxiliaire C*mn* parallèle à ce rayon. La direction du rayon réfléchi IR doit couper cet axe au milieu *f* de la distance C*m*. Cette direction est donc I *f* et le foyer Q' est le point où la ligne I*f* rencontre l'axe secondaire CQ.

L'image d'un objet PQ (*fig.* 33) se construit au moyen des foyers de chacun de ses points. En supposant que l'image P'Q' soit sensiblement, comme l'objet PQ, un plan perpendiculaire à l'axe principal, on reconnaît que l'image est virtuelle, directe et plus petite que l'objet.

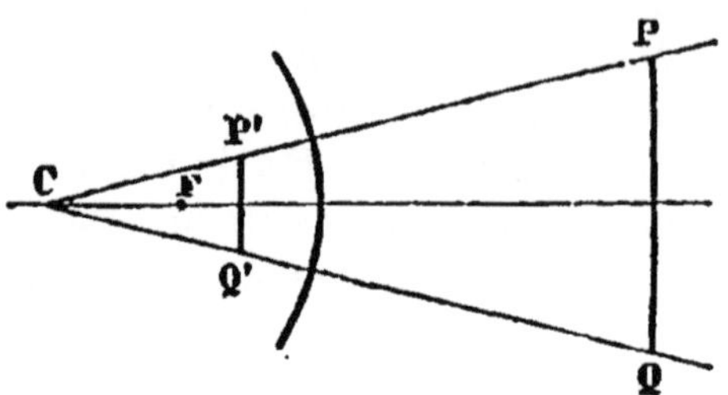

Fig. 33. — Image d'un objet.

En traduisant la construction par une formule, on aurait, pour exprimer le rapport des dimensions linéaires de l'image à celles de l'objet, la relation

$$\frac{P'Q'}{PQ} = \frac{R}{2p + R},$$

par où l'on voit bien que P'Q' est moindre que PQ. Pour $p = \infty$, l'image, située alors au foyer principal, se réduit à un point.

CHAPITRE IV.

RÉFRACTION. — PRISMES.

30. Énoncé des lois de la réfraction. — Représentons par AB une surface plane de séparation entre deux milieux transparents, par exemple l'air et l'eau (*fig.* 34). La lumière, envoyée par un point S à cette surface, s'y réfléchit en partie et en partie la franchit, pénètre dans le second

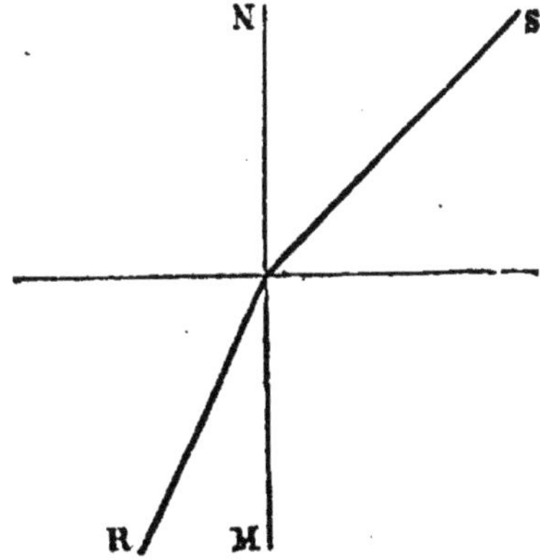

Fig. 34. — Réfraction. (Le lecteur ajoutera à cette figure les lettres AIB).

milieu et se propage en ligne droite dans ce milieu aussi bien que dans le premier. Nous avons à rechercher comment se fait le passage des rayons d'un milieu à l'autre. Soit SI un rayon incident : au point I de la surface de séparation, le rayon change de direction, se brise et continue sa route suivant IR. On appelle *réfraction* ce changement de direction qu'éprouve un rayon de lumière en passant d'un corps transparent dans un autre. Menons IN normale à la surface de séparation, et prolongeons-la suivant IM. L'angle SIN est l'angle d'incidence, l'angle MIR est *l'angle de réfraction*. Dans la figure, l'angle de réfraction est plus petit que l'angle d'incidence.

En général, la réfraction rapproche le rayon de la normale quand le second milieu est plus dense que le premier. Il y a peu d'exceptions à cette règle.

Les deux lois de la réfraction sont les suivantes : 1° le rayon incident, le rayon réfracté et la normale sont dans le même plan ; 2° le rapport du sinus de l'angle d'incidence au sinus de l'angle de réfraction est constant pour deux milieux donnés, quel que soit l'angle d'incidence.

31. Démonstration. — Toute théorie de la lumière comprend les lois de la réfraction comme celles de la réflexion.

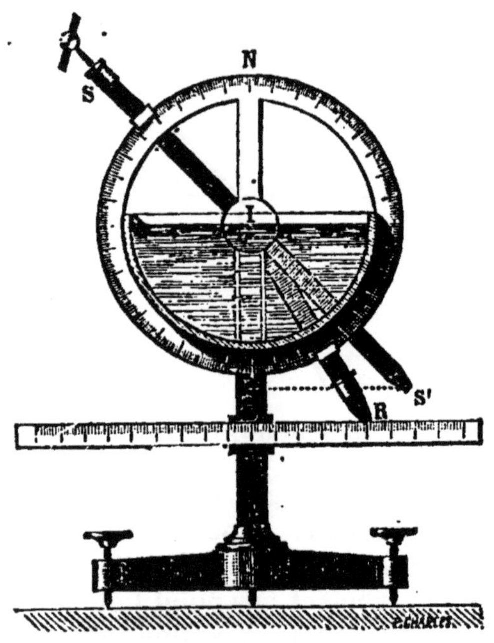

Fig. 35. — Appareil de Silbermann pour la réfraction.

La loi des sinus a été publiée par Descartes. Un appareil de Soleil et Silbermann permet de les vérifier (*fig.* 35).

Un cercle divisé vertical porte une première alidade qui se prolonge de part et d'autre du centre, suivant SIS′, et une seconde alidade IR partant seulement du centre. Les deux extrémités inférieures de ces alidades se terminent en pointe et peuvent indiquer les divisions d'une règle horizontale mobile de haut en bas sur le pied du cercle. A l'extrémité supérieure de la première alidade, est joint un petit miroir au moyen duquel on dirige, à travers le trou d'un diaphragme, un rayon de soleil selon SI ; ce rayon sera reçu, après la réfraction, sur le trou R diaphragme disposé à l'extrémité inférieure de la seconde alidade. La réfraction est produite à la surface de l'eau qui remplit, jusqu'à la hauteur du centre, une auge demi-cylindrique placée en avant du cercle, du côté où ne sont pas les alidades. La première loi est démontrée par cela seul que le rayon incident et le rayon réfracté se montrent dans un plan parallèle au plan du cercle. Pour vérifier la seconde loi, on mesure, sur la règle convenablement placée, la distance S′C, qui est, dans un cercle de rayon IS′, le sinus de l'angle S′IC ou de l'angle d'incidence SIN. Ensuite on abaisse la règle jusqu'à la pointe R de l'alidade que suit le rayon réfracté et on mesure la distance RD, qui est, dans un cercle de rayon IR = IS′, le sinus de l'angle de réfraction RID. Le rapport de S′C à RD est donc le rapport du sinus de l'angle d'incidence au sinus de l'angle de réfraction. On s'assure que ce rapport est constant en recommençant l'expérience pour différentes incidences.

Cette expérience suppose que le rayon, dévié au point I à la surface horizontale de l'eau, n'éprouve aucune autre déviation en sortant de l'eau et en traversant l'enveloppe de verre. C'est de quoi l'on ne saurait douter par la raison que le rayon se présente à la sortie suivant une direction normale à la surface cylindrique de l'eau et aux faces du verre ; il n'y a pas de raison pour qu'un rayon normal soit dévié d'un côté plutôt que de l'autre, et le fait est d'ailleurs facile à vérifier.

32. Indice de réfraction. — On exprime la seconde loi de la réfraction par la formule

$$\frac{\sin i}{\sin r} = n \text{ ou } \sin i = n \sin r,$$

et l'on appelle *indice de réfraction* le rapport constant n. Les tables des indices se rapportent au cas où la lumière passe du vide dans les corps transparents, d'où il suit que tous les indices sont plus grands que 1. Pour le passage d'un corps transparent dans un autre, on suppose ordinairement qu'il a lieu du moins *réfringent* (le moins dense) au plus réfringent (le plus dense), et par suite n est encore plus grand que 1. L'indice de réfraction du chromate de plomb, un des plus grands que l'on connaisse, est 3; celui du diamant est environ 2, 4 ; celui du cristal (flint-glass) 1, 6 ; celui du verre (crown-glass) 1, 5 ; celui de l'eau 1,336 ; celui de la glace 1,310.

33. Construction du rayon réfracté. — Soit AB la

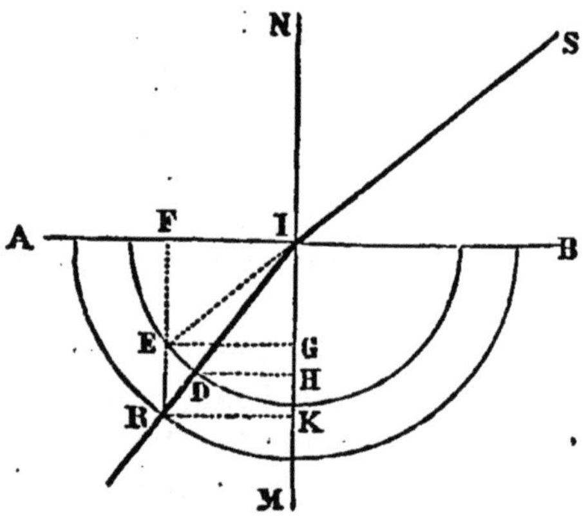

Fig. 36. — Construction du rayon réfracté.

une première circonférence de rayon 1 et une seconde plus surface de séparation, SI le rayon incident dans le milieu le moins dense (*fig.* 36). Autour de I comme centre, décrivons

grande de rayon n. Prolongeons SI jusqu'à la petite circonférence en E ; du point E, abaissons EF perpendiculaire à la surface AB et prolongeons-la jusqu'à la rencontre R de la grande circonférence: IR est la direction du rayon réfracté. En effet, si du point D, où IR rencontre la petite circonférence, nous menons DH perpendiculaire à la normale, ainsi que EG et RK, les deux lignes EG et DH représentent dans la même petite circonférence le sinus de l'angle d'incidence et le sinus de l'angle de réfraction. Or, le rapport $\frac{EG}{DH}$ ou $\frac{RK}{DH}$ est égal, par la similitude des triangles IDH, IRK, au rapport $\frac{IR}{ID} = \frac{n}{1} = n$. Les deux rayons SI et IR satisfont donc aux lois de la réfraction.

31. Angle limite. — Dans la figure 37, s s' s'' sont des rayons incidents compris, dans le milieu le moins réfringent,

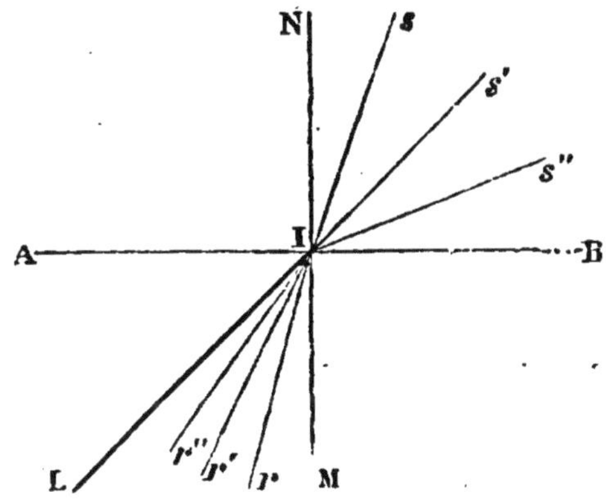

Fig. 37. — Angle limite.

entre la normale IN et la surface de séparation AB. Chacun d'eux se continue dans le milieu le plus réfringent par un rayon réfracté r r' r''. Par la réfraction, les rayons se rapprochent de la normale.

Un rayon normal NI n'éprouve pas de déviation et se prolonge suivant IM. Dans ce cas, en effet, l'angle d'incidence i est nul, et $\sin i = 0$; l'équation $\sin i = n \sin r$ donne donc $\sin r = 0$ ou $r = 0$.

Un rayon incident, qui rase la surface IB, fait avec la normale un angle de 90°. Par conséquent $\sin i = 1$ et l'équation devient $n \sin r = 1$, d'où $\sin r = \frac{1}{n}$. Comme il n'y a pas de rayon réfracté plus éloigné de la normale que celui qui correspond à l'incidence rasante, on appelle *angle limite* l'angle de réfraction correspondant à l'incidence de 90°, quand la lumière passe d'un milieu moins dense dans un milieu plus dense : son sinus est égal à $\frac{1}{n}$. Soit IL ce rayon faisant l'angle limite LIM. Cet angle est de 48° 30′ pour l'eau; de 41° pour le verre ordinaire.

35. Réflexion totale. — Lorsque la lumière passe du milieu le plus dense dans le milieu le moins dense, la réciprocité existe avec le cas précédent entre les rayons incidents et les rayons réfractés. Les rayons incidents étant maintenant r, r' r'' (*fig.* 38), les rayons réfractés sont s, s' s''.

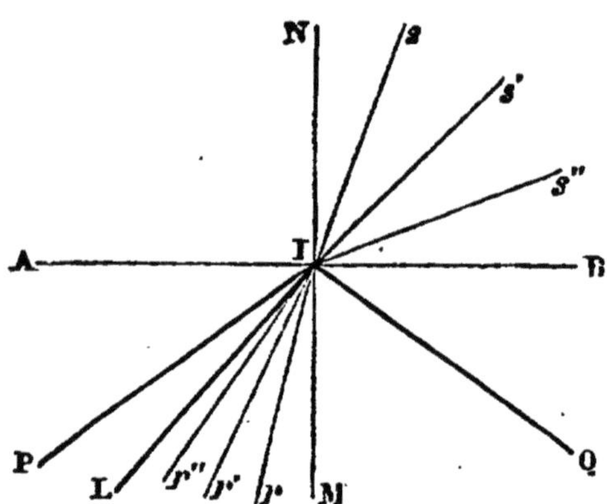

Fig. 38. — Réflexion totale.

Les rayons s'écartent de la normale au passage d'un milieu dans l'autre. Le rayon IL qui fait avec IM l'angle limite sort du milieu inférieur en rasant la surface IB.

Les rayons qui font dans le milieu le plus dense un angle

plus grand que l'angle limite, c'est-à-dire les rayons compris entre IL et IA tels que IP, n'ont pas de correspondants dans le milieu le moins dense, ils ne traversent pas la surface de séparation ; ils se réfléchissent au point I suivant les lois de la réflexion ordinaire, de sorte que l'angle QIM soit égal à l'angle PIM. On appelle ce phénomène *réflexion totale*, pour exprimer qu'aucune partie de la lumière incidente ne fait défaut dans le faisceau ainsi réfléchi.

L'impossibilité de l'émergence pour une incidence plus grande que l'angle limite se manifeste dans la construction géométrique du n° 33. L'incidence ayant lieu dans le milieu le plus dense, on obtient le rayon réfracté IS correspondant à un rayon incident quelconque RI, en décrivant les deux circonférences de rayon 1 et de rayon n, menant RI, puis RF, puis EIS (*fig.* 36). Or, la construction cesse d'être possible si le rayon incident IR est assez éloigné de la normale, pour que la perpendiculaire RF à la surface ne rencontre plus la petite circonférence. La limite est le cas du rayon IL

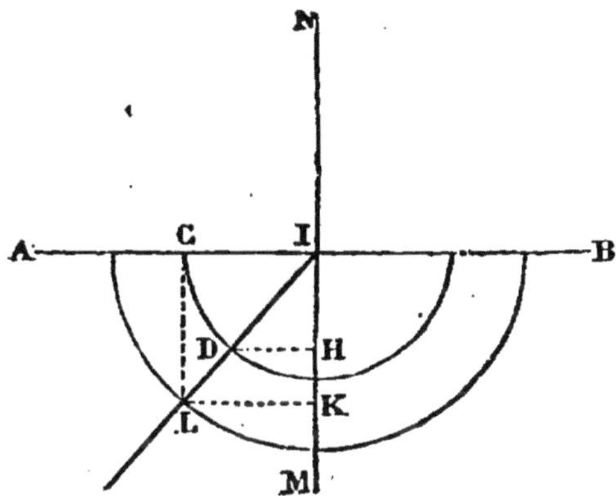

Fig. 39. — Construction du rayon limite.

tel que la perpendiculaire LC arrive juste à l'extrémité du diamètre de la petite circonférence (*fig.* 39) ; alors le sinus de l'angle d'incidence LIM est DH dans le petit cercle ; et le sinus de l'angle de réfraction NIB ou CIH est CI dans le même cercle. Or, comme CI = LK, on peut poser, d'après les triangles semblables, $\frac{DH}{CI} = \frac{ID}{IL}$, et puisque DH = sin r, CI = 1, ID = 1 et IL = n, on a sin $r = \frac{1}{n}$, relation qui caractérise l'angle limite.

Quant à la réflexion totale, on a souvent l'occasion d'en observer les effets. Que l'on tienne par exemple à la hauteur de la tête un verre plein d'eau, et qu'on regarde la surface de l'eau par-dessous, on voit qu'elle fait l'effet d'un miroir très poli, dans lequel on aperçoit l'image des objets situés plus bas. — L'appareil du n° 31 peut servir à constater que la réflexion totale obéit aux lois générales de la réflexion. Avec le miroir de la longue alidade, on fait arriver le rayon par-dessous l'auge et l'on reçoit le rayon réfléchi dans la seconde alidade. Ce rayon est faible, tant qu'une partie de la lumière émerge de l'eau ; mais à un moment donné, quand on augmente l'incidence, la lumière émergente s'évanouit et le rayon réfléchi devient tout à coup très brillant.

36. Déplacement apparent des objets par la réfraction à la surface de séparation de deux milieux. — Un objet plongé dans l'eau, qu'on regarde du dehors, paraît plus rapproché de la surface qu'il n'est réellement. Comme ce relèvement augmente avec l'obliquité des rayons, un objet d'une certaine étendue paraît en même temps déformé. Les exemples abondent. Une pièce de monnaie placée dans le fond d'une cuvette, de façon qu'elle soit juste cachée pour l'observateur par la paroi opposée, se découvre de plus en plus quand on verse de l'eau dans la cuvette. Un bâton plongé obliquement dans l'eau semble brisé à la surface, la partie immergée étant relevée au-dessus de la véritable direction. Une personne, au bain, voit ses membres déformés. Les poissons paraissent dans l'eau plus gros qu'ils ne sont. Le fond d'un bassin paraît concave.

Soit en S un des points d'un objet situé dans l'eau (*fig.* 40).

Ce point envoie des rayons vers la surface. Un de ces rayons, SI, se réfracte au point I, en s'écartant de la normale suivant IR. Les rayons voisins en font autant, si bien que le faisceau incident SI*i* devient le faisceau réfracté I*i*R*r*. La variation de l'angle d'émergence est telle que le faisceau réfracté est divergent, et que les prolongements des rayons

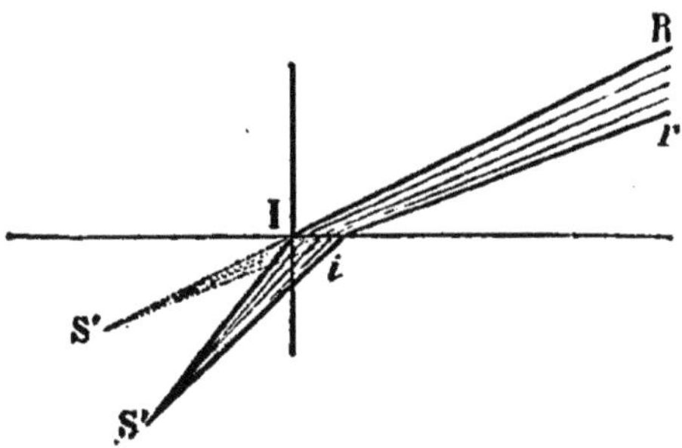

Fig. 40. — Relèvement apparent d'un objet immergé.

qui le composent se rencontrent, sinon rigoureusement, du moins à peu près, en un point S'. L'œil qui reçoit ces rayons en est donc affecté comme s'ils lui venaient directement d'un point lumineux situé en S' : il voit donc en S' une image virtuelle du point S, plus rapprochée de la surface que le point S lui-même.

37. Réfraction astronomique. Mirage. — Les couches d'air qui composent l'atmosphère étant, de haut en bas, de plus en plus denses et de plus en plus réfringentes, les rayons venus d'un point S du soleil, par exemple (*fig.* 41), se rapprochent de la normale aux points *i*, *i'*, *i''* en passant d'une couche à la suivante. L'observateur qui reçoit le faisceau suivant *i''*A rapporte le sommet du faisceau, c'est-à-dire l'image du point S à un point S' plus relevé vers le zénith. Il résulte de là que le soleil, la lune, les étoiles se montrent plus haut sur l'horizon qu'ils ne sont réellement. La réfraction étant d'autant plus sensible que les rayons incidents sont plus obliques par rapport à la normale aux couches d'air, le déplacement apparent des astres est lui-même d'autant plus marqué qu'ils sont plus près de l'horizon. A l'horizon même, le relèvement est assez grand pour que le soleil se montre encore quand il est tout à fait couché, ou se montre déjà avant qu'il ait commencé à se lever.

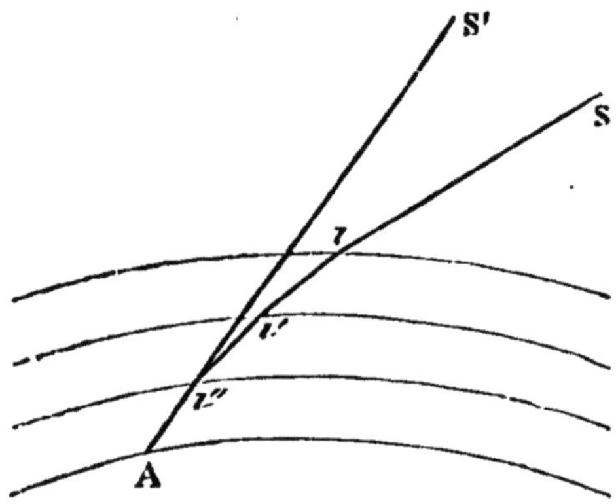

Fig. 41. — Réfraction astronomique.

On le voit alors aplati, parce que le bord inférieur est plus relevé que le bord supérieur.

La réfraction atmosphérique fait aussi paraître les montagnes plus hautes qu'elles ne sont.

Le mirage se produit dans l'air des plaines assez fortement chauffées par le soleil, pour que l'air, chauffé lui-même au contact du sable, ait une densité croissante à partir du sol jusqu'à une certaine hauteur. Soit un objet, un palmier par exemple, situé dans cette région atmosphérique où l'ordre des densités est renversé. Un faisceau de rayons parti du point S (*fig.* 42) se réfracte de couche en couche, en s'écartant chaque fois de la normale, aux points *i*, *i' i''*. L'angle d'incidence va donc en augmentant, et s'il atteint la valeur de l'angle limite pour un rayon qui doit passer d'une couche d'air plus dense dans une couche moins dense, le faisceau des rayons se réfléchit ; il repasse en sens inverse par les mêmes couches en se rapprochant cette fois de la normale. Un voyageur, recevant le faisceau, rapporte le sommet du faisceau ou le point lumineux en S' dans une position à peu près symétrique du point S par rapport à la couche réfléchissante. L'image de l'objet est plus ou moins indécise

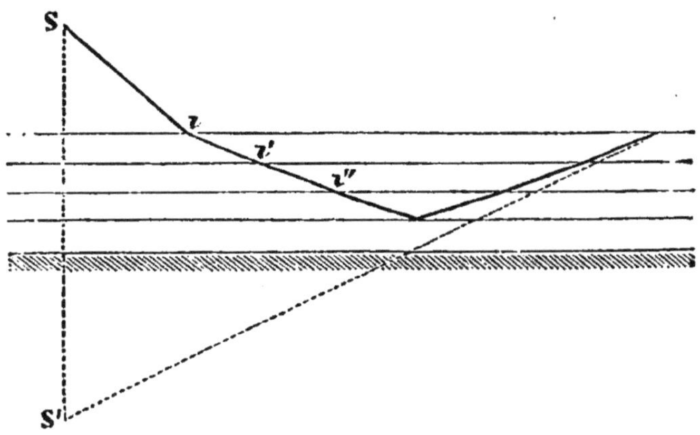

Fig. 42.—Mirage.

et flottante à cause de l'irrégularité et de la mobilité des couches d'air. Voyant l'objet et cette image, on croit volontiers à l'existence d'une nappe d'eau entourant des arbres ou des abris. A l'approche, l'illusion s'évanouit.

On voit assez souvent le mirage, dans nos climats, sur la plaine caillouteuse de la Crau, par exemple, ou sur des plages étendues, ou en mer, ou encore latéralement près d'un mur fortement chauffé par le soleil.

38. Réfraction à travers une lame transparente à faces parallèles. — Soit une lame de verre, par exemple, à faces parallèles (*fig.* 43). Un rayon incident SI, faisant l'angle d'incidence i avec la normale à la première face, se réfracte au point I en se rapprochant de la normale et suit dans le verre le chemin IE, faisant avec la même normale l'angle de réfraction r. Au point E, l'angle d'incidence dans le verre est r, puisque les deux normales aux deux faces sont parallèles ; le rayon sort enfin suivant ER, en s'écartant de la normale de la seconde face et faisant avec elle un angle de réfraction ou d'émergence e. Or, pour la réfraction au point I, on a $\sin i = n \sin r$; pour la réfraction au point E, on a $\sin e = n \sin r$, n étant le même à l'entrée dans le verre et à la sortie, parce que dans la réfraction, comme dans la réflexion, le chemin de la lumière est le même dans les deux sens opposés. De là résulte $\sin e = \sin i$ ou $e = i$;

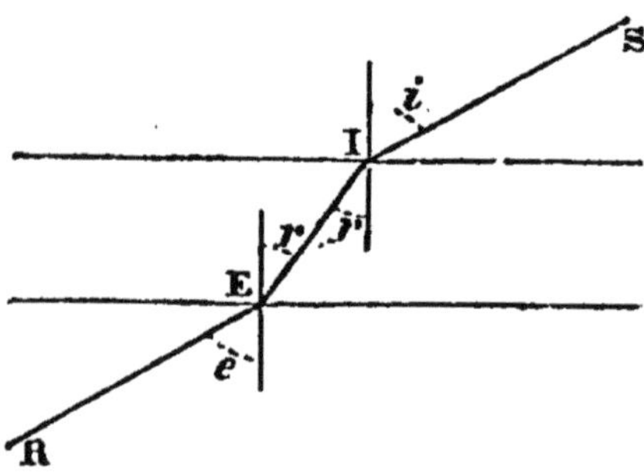

Fig. 43.— Réfraction à travers une lame transparente.

par conséquent, le rayon émergent ER est parallèle au rayon incident SI.

L'expérience confirme ce résultat : car une étoile qu'on regarde avec une lunette se montre dans la même direction avec la lunette seule, ou après l'interposition d'une lame de verre plus ou moins oblique.

Les rayons émergents éprouvent toutefois par rapport aux rayons incidents un déplacement latéral d'autant plus prononcé que la lame est plus épaisse. On s'en aperçoit en regardant une ligne très fine en partie directement, en partie à travers une lame de verre épaisse et oblique : les deux parties ne se montrent pas dans le prolongement l'une de l'autre.

39. Réfraction à travers un prisme. — Une substance transparente comprise entre deux faces planes qui se coupent est ce qu'on appelle un *prisme* en physique.

Les prismes qu'on emploie pour les expériences sont en général des prismes droits, triangulaires, en verre ou en cristal, montés sur un pied articulé.

L'*angle* du prisme est l'angle des deux faces par où entre et sort le rayon lumineux. L'intersection de ces deux faces est l'arête prisme : dans les prismes triangulaires, la face opposée à l'arête est ordinairement appelée la *base*.

Soit ABC une section principale du prisme, c'est-à-dire faite par un plan perpendiculaire à l'arête (*fig.* 44). Pour

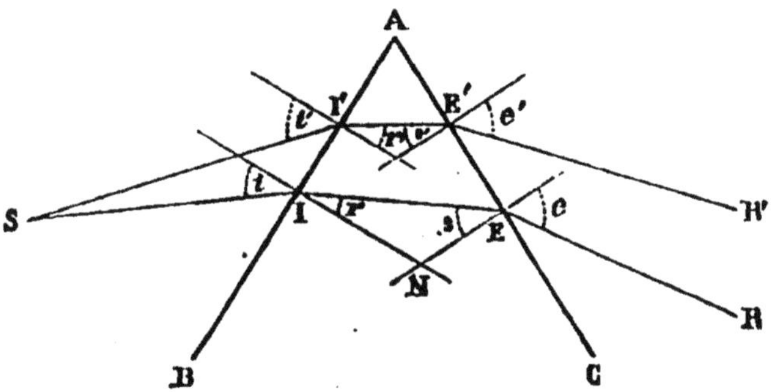

Fig. 44. — Réfraction à travers un prisme.

le moment, ne considérons dans la figure qu'un rayon incident, le rayon SI. Ce rayon SI se réfracte en se rapprochant de la normale menée par le point I et suit dans le verre la route IE. En sortant par le point E, le rayon s'écarte de la nouvelle normale et prend la direction ER. Par son passage à travers le prisme, le rayon est donc dévié vers la base, ou dans le sens de l'ouverture de l'angle. La déviation est représentée par l'angle D (*fig.* 45) que font entre elles les directions du rayon incident et du rayon émergent.

On vérifie ce résultat en disposant un prisme, dans une salle obscure, sur le trajet d'un faisceau de rayons solaires.

On peut aussi le vérifier en regardant un point lumineux

à travers le prisme : le point paraît alors relevé vers le sommet. En effet, un même point S envoie au prisme un faisceau de rayons (*fig.* 44), soit un rayon SI' voisin du premier SI : il suit la route SI'E'R' ; il est facile de reconnaître que les deux rayons émergents ER, E'R' divergent l'un par rapport à l'autre. Car, d'après la construction, on a $i' > i$ et,

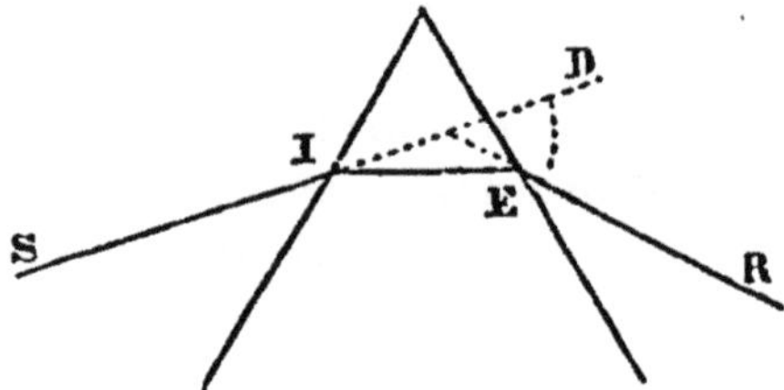

Fig. 45. — Angle de déviation.

par conséquent, à cause des relations, $\sin i = n \sin r$, et $\sin i = n \sin r'$, on a aussi $r' > r$.

Remarquons maintenant que, dans le triangle NIE, l'angle N des deux normales est supplémentaire de la somme $r + s$; et que N est aussi supplémentaire de l'angle A du prisme, puisque ces angles ont leurs côtés perpendiculairés; que par conséquent $A = r + s$. Par la même raison, on a $A = r' + s'$ et par suite $r' + s' = r + s$. Donc avec $r' > r$, on doit avoir $s' < s$, et par suite $e' < e$, à cause des relations $\sin e = n \sin s$ et $\sin e' = n \sin s'$. La dernière inégalité prouve que le rayon E'R' s'écarte moins de la normale que le rayon ER.

Les deux normales, en E et E' étant parallèles, le rayon E'R' diverge par rapport à ER dans le sens de l'émergence. Il résulte de là que les prolongements géométriques de ces rayons se rencontreraient du côté du prisme où se trouve le point S. Les autres rayons partis de S se comportent de même; on peut admettre, du moins approximativement, que tous leurs prolongements concourent en un même point, si bien que l'œil, recevant le faisceau émergent EE'RR', verra au delà du prisme une image virtuelle du point S. C'est ce que l'expérience confirme.

Par des considérations géométriques du même genre, on démontre que la déviation produite par un prisme dépend de l'angle d'incidence, de l'indice et par conséquent de la nature du prisme, et de l'angle du prisme. Contentons-nous des vérifications expérimentales. Un prisme étant placé sur le trajet d'un faisceau de rayons solaires, on maintient fixe la direction du faisceau et on change l'incidence en faisant tourner le prisme sur lui-même : le rayon émergent change alors de direction. — On reçoit le faisceau sur le polyprisme, qui est un prisme composé de plusieurs substances différentes, formant des tranches dont les plans de séparation sont perpendiculaires à l'arête commune : on a autant de faisceaux émergents qu'il y a de tranches. — On fait un prisme à angle variable avec deux glaces mobiles à charnières entre deux faces de métal et formant avec celles-ci une auge qu'on remplit d'eau. Pour un faisceau incident sur une des glaces on a un faisceau émergent, dont la direction varie avec l'inclinaison qu'on donne à la seconde glace par rapport à la première.

40.— Réflexion totale sur la face d'un prisme. Ces trois circonstances, l'incidence, l'indice et l'angle du

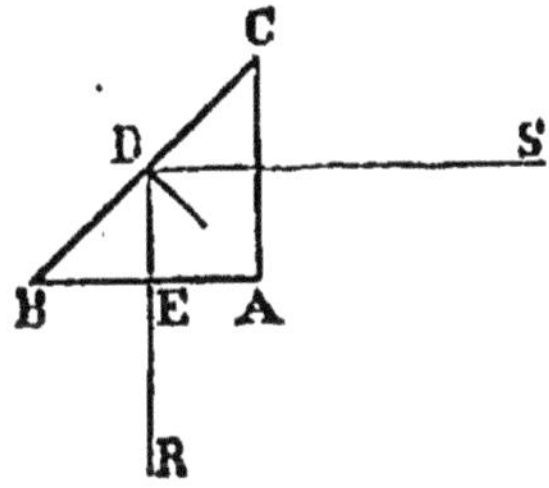

Fig. 46. — Réflexion totale dans un prisme.

prisme peuvent être combinées de façon qu'un rayon incident soit hors d'état de traverser le prisme. Soit par exemple un prisme de verre, dont la section principale est un triangle rectangle isocèle ABC (*fig.* 46). Un rayon incident perpendiculaire à la face AC, la franchit sans déviation et arrive en D sur la face hypoténuse BC, sous un angle d'incidence de 45°. Or l'angle limite du verre est de 41° (34) environ. Le rayon SD ne peut donc sortir dans l'air (35). Il se réfléchit suivant DE, perpendiculairement à la face BA et sort du verre sans déviation, suivant ER. La face BC du prisme fonctionne donc comme miroir, et les deux angles du prisme, traversés par le rayon, ne le dévient pas plus qu'une lame à face parallèle. Cette disposition est souvent utilisée dans les instruments d'optique.

CHAPITRE V.

LENTILLES.

41. Lentilles. Définitions. — On appelle *lentille*, en optique, un corps transparent terminé par deux surfaces sphériques ou par une surface sphérique et un plan.

L'axe de la lentille est la droite qui joint les centres des

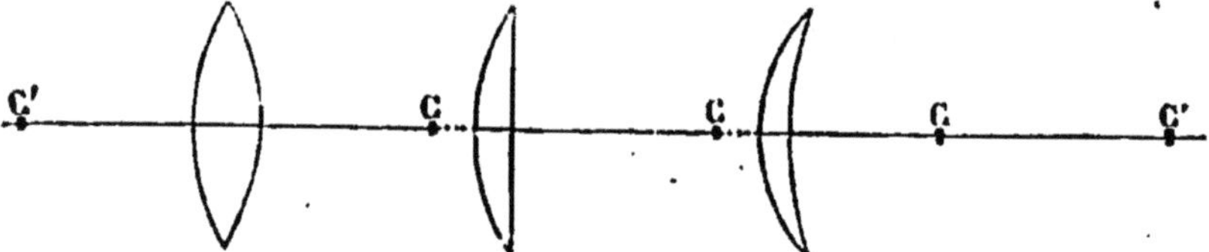

Fig. 47. — Lentilles convexes.

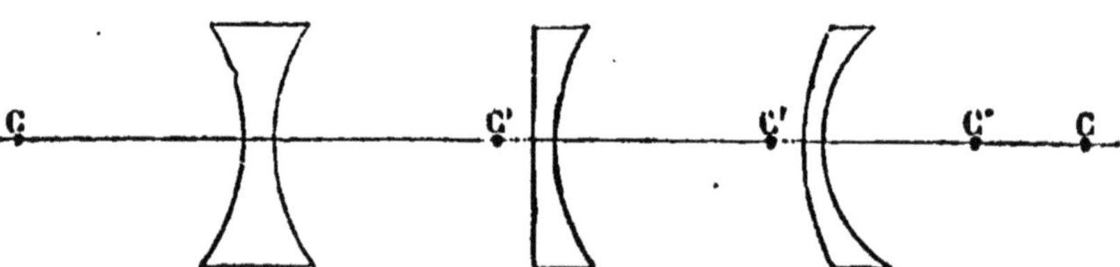

Fig. 48. — Lentilles concaves.

deux surfaces sphériques, ou qui, passant par le centre de la surface sphérique, est perpendiculaire à la face plane. Les figures ci-dessus (*fig.* 47 et 48), qui sont des coupes dans un plan passant par l'axe, représentent les différentes formes des lentilles.

Les lentilles qui sont plus épaisses au milieu qu'au bord sont des lentilles convergentes ; les lentilles plus minces au milieu qu'au bord sont divergentes. On peut s'en rendre compte comme il suit.

Soit une lentille bi-convexe ayant pour axe CC' (*fig.* 49), ;

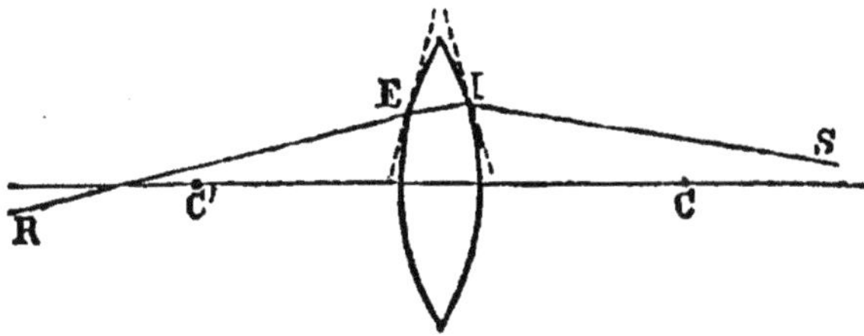

Fig. 49. — Convergence des lentilles bi-convexes.

tout rayon lumineux qui traverse la lentille y entre par un point tel que I et en sort par un point tel que E. Aux points I et E, on peut concevoir deux éléments plans de surface sphérique se confondant avec les plans tangents : le rayon

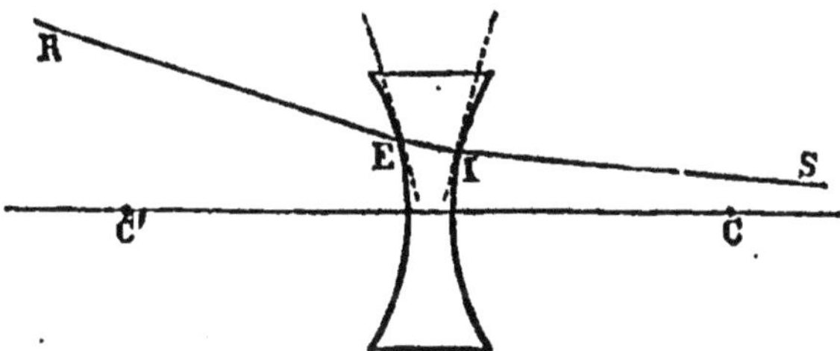

Fig. 50. — Divergence des lentilles bi-concaves.

est donc dans le même cas que s'il traversait une certaine épaisseur de verre terminée par deux faces planes inclinées l'une sur l'autre, c'est-à-dire un prisme. Or ce prisme a son angle ouvert du côté de l'axe de la lentille et il en est toujours ainsi, quelle que soit la direction du rayon dans la lentille. Donc la direction du rayon émergent, comparée à celle du rayon incident, se rapproche de l'axe.

La figure 50 montre au contraire que, dans une lentille

bi-concave, les éléments d'entrée et de sortie sont comme deux portions des faces d'un prisme ouvert du côté opposé à l'axe. Les rayons sont donc déviés par la lentille de façon à s'écarter de cet axe.

42. Lentilles convexes. Foyer d'un point situé sur l'axe. — Soit P un point lumineux sur l'axe CC' d'une lentille bi-convexe (*fig.* 51). Un des rayons incident P I, se réfracte au point I en se rapprochant de la normale IC', traverse la lentille suivant IE, se réfracte au point E en s'écartant de la normale EC, et sort suivant ER, coupant l'axe au point P'.

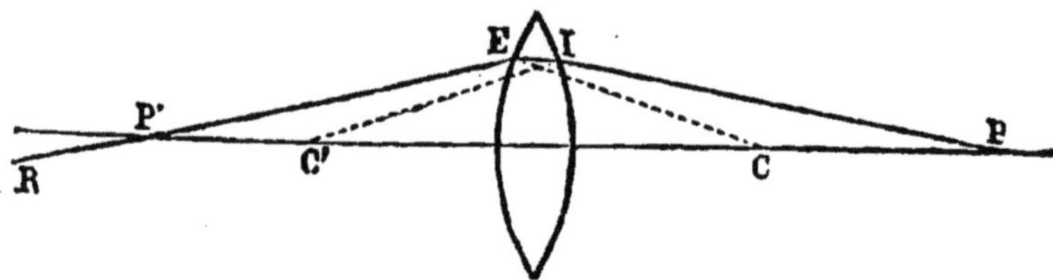

Fig. 51. — Foyer d'un point situé sur l'axe principal.

Par raison de symétrie, tous les rayons tombant sur la lentille, tout autour de l'axe et à la même distance de cet axe que PI, se comportent à la sortie comme ER et se croisent au point P'.

On ne peut dire *a priori* si les rayons plus rapprochés de l'axe ou plus éloignés convergent au même point, ou s'il y a un point de convergence pour chaque groupe conique de rayons.

Pour le savoir, il faudrait faire ici ce que nous avons fait pour les miroirs sphériques (23) : établir une relation entre la distance du point P à la lentille, la distance du point P' à la lentille et le rayon ou les rayons de courbure des faces de la lentille, relation dans laquelle entrerait aussi l'indice de réfraction de la substance dont la lentille est composée.

Ces considérations géométriques, dont nous omettons le développement, prouvent qu'en supposant la lentille assez mince pour qu'on en puisse négliger l'épaisseur, et en ne considérant que des rayons qui fassent avec l'axe un angle très petit, les rayons partant d'un point P de l'axe convergent de l'autre côté de la lentille en un point P' de l'axe, qui est le foyer conjugué de P. Ce résultat s'applique aux lentilles plan-convexes et aux ménisques convergents, ainsi qu'aux lentilles bi-convexes.

Il est confirmé par les mêmes expériences que nous citerons ci-après (44) à propos des différentes positions que peut avoir le foyer.

43. Aberration de sphéricité. — Une étude géométrique plus complète, permettant d'avoir égard à l'épaisseur de la lentille, et de tenir compte des rayons qui tombent près de ses bords sous une inclinaison notable par rapport à l'axe, prouve qu'en réalité les rayons diversement inclinés sur l'axe ne se rencontrent pas au même point ; qu'ils se coupent deux à deux, formant dans chaque plan méridien de la lentille une courbe caustique, et par suite, tout autour de l'axe, une surface caustique dont le sommet est le foyer approximatif des rayons centraux.

Aussi, quand les rayons lumineux viennent, non d'un point, mais d'un objet, chacun des points de l'objet ayant sa caustique, le point le plus brillant de l'une qui serait le foyer d'un des points de l'objet se trouve envahi par la caustique du point voisin, d'où résulte que l'image manque de netteté. Or la netteté des images est ordinairement plus importante que l'éclat, surtout dans les instruments de précision. Pour cette raison, on se prive souvent d'une partie de la lumière qu'une grande lentille pourrait transmettre, en disposant près d'elle un diaphragme, qui intercepte les rayons marginaux et ne laisse passer que les rayons voisins de l'axe.

44. Différentes positions du foyer selon la position du point lumineux sur l'axe. — Nous nous bornerons ici aux données de l'expérience.

On expose une lentille bi-convexe aux rayons du soleil

(*fig.* 52.) Si l'expérience se fait dans une chambre obscure, on voit nettement, par l'illumination des poussières, la trace du faisceau cylindrique qui tombe sur la lentille, et celle du faisceau convergent qui aboutit au foyer où les rayons se croisent. Un écran placé au foyer F reçoit en réalité une petite image du soleil : elle y est plus vive que partout ailleurs. Le foyer de lumière est en même temps un foyer

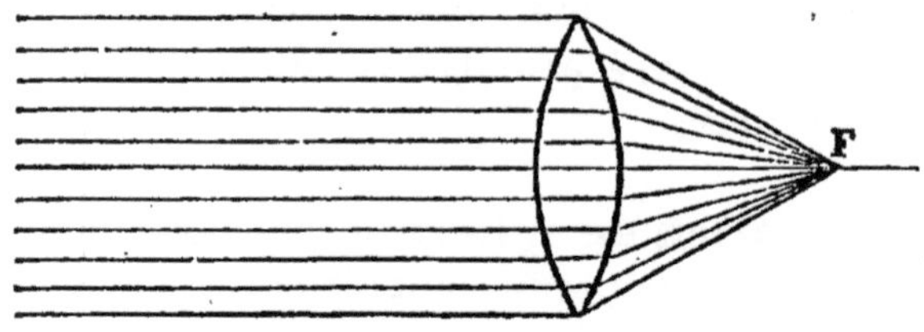

Fig. 52. — Foyer principal d'une lentille convergente.

de chaleur, où l'on peut enflammer différentes substances. — Vu la grande distance du soleil, les rayons que chacun de ses points envoie à la lentille sont sensiblement parallèles. Le foyer F du point central est donc foyer de rayons incidents parallèles à l'axe. On l'appelle le *foyer principal* et on appelle *distance focale principale* de la lentille la distance du foyer principal à la lentille, l'épaisseur de celle-ci

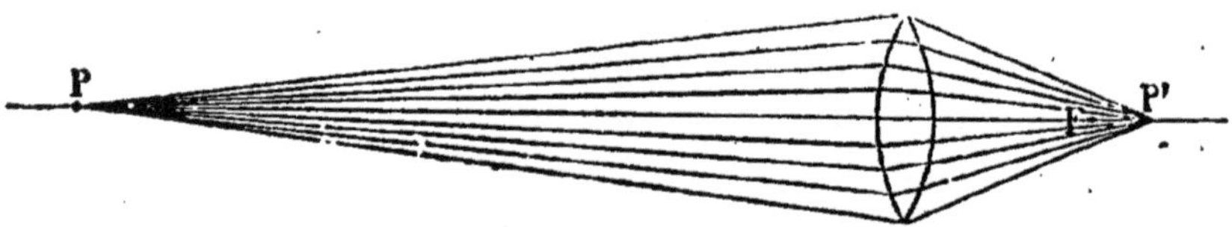

Fig. 53. — Foyer conjugué d'un point lumineux.

étant négligée. Elle est la même quelle que soit la face qu'on présente au soleil, quand même les deux faces de la lentille aient des courbures différentes.

On place une bougie au point P, à une assez grande distance de la lentille, et un écran de l'autre côté. On n'aura pas sur cet écran le foyer d'un point ; mais on jugera par la netteté de l'image que l'écran est au point P' où se fait le foyer des points voisins de l'axe. Ce foyer P' est plus éloigné de la lentille que le foyer principal.

Au fur et à mesure qu'on approche la bougie, le foyer s'éloigne. Quand la distance de la bougie à la lentille est égale au double de la distance focale principale, la distance est la même pour la bougie et pour le foyer (*fig.* 54 n° 1).

Lorsque la bougie arrive à la distance focale principale, on ne voit plus d'image sur l'écran. Les rayons émergents

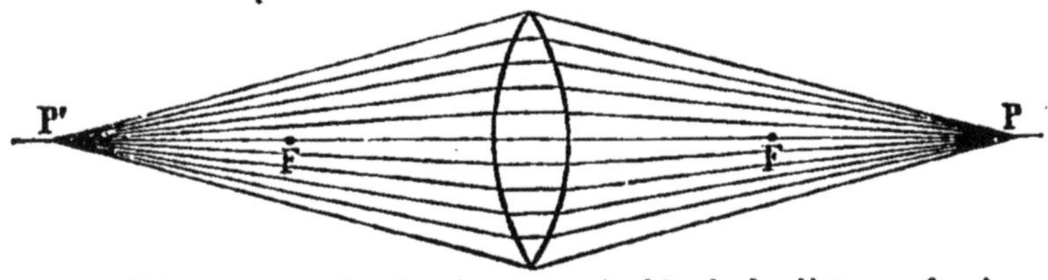

Fig. 54 (n° 1). — Point lumineux au double de la distance focale.

sont parallèles à l'axe. La divergence des rayons incidents est trop grande pour que la lentille, tout en la diminuant, fasse converger les rayons en un point (*fig.* 54 n° 2).

A plus forte raison, quand la bougie se place entre le foyer principal et la lentille, le foyer manque-t-il du côté de la face de sortie. Les rayons sont alors divergents, quoique à un moindre degré qu'avant l'incidence. Aussi leurs prolongements géométriques se rencontrent-ils du côté de la lentille où se trouve le point lui-même, mais à une plus grande distance (*fig.* 54 n° 3). Cette distance, d'abord infinie quand le point est encore au foyer principal, diminue au fur et à mesure qu'il se rapproche de la lentille. Le point lumineux et le foyer se confondraient au contact de la lentille. Dans toute cette phase, le foyer est virtuel. Il est visible pour toute personne qui reçoit dans l'œil les rayons émergents en regardant vers la lentille.

Fig. 54 (n° 2). — Point lumineux au foyer principal.

Le cas inverse est celui où la lentille reçoit des rayons convergents. Alors c'est le point lumineux qui est virtuel du côté de la face de sortie. Le foyer devient au contraire réel de ce même côté et se place entre le foyer principal et la lentille.

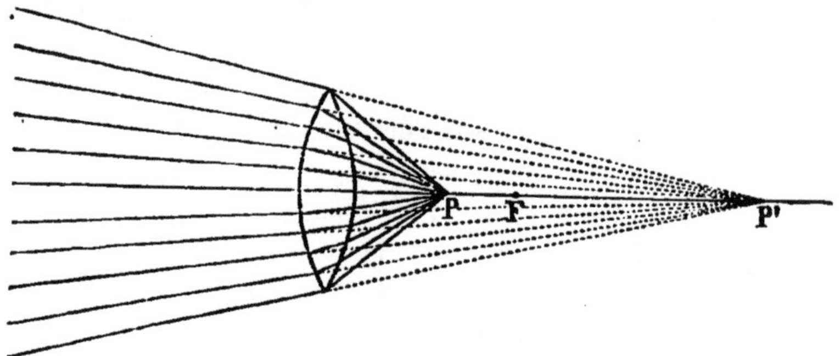

Fig. 54 (n° 3). — Point lumineux en deçà du foyer principal.

45. Foyer d'un point lumineux situé hors de l'axe. Centre optique. — Le point lumineux Q étant en dehors de l'axe de la lentille (*fig.* 55), nous ne pouvons pas dire, comme pour les miroirs (27) *a priori* et par raison de symétrie, qu'il existe une droite allant du point Q à la len-

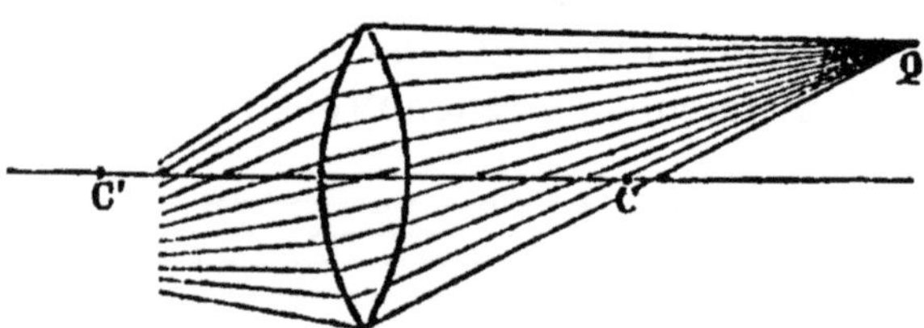

Fig. 55. — Point lumineux situé hors de l'axe.

tille, telle que les rayons partant de ce point se comporteraient par rapport à cette droite, comme les rayons partis d'un point de l'axe se comportent par rapport à cet axe.

Cette droite existe cependant, à la condition que le point Q soit très peu éloigné de l'axe en comparaison de sa distance à la lentille. On l'appelle *axe secondaire*. Nous nous dispenserons d'en démontrer les propriétés, nous bornant à dire que l'axe secondaire est la droite menée du point lumineux au *centre optique* de la lentille. Définissons du moins le centre optique.

Soient, sur les deux faces, deux points I,E (*fig*. 56), tels que les normales correspondantes CI, C'E soient parallèles. Un rayon lumineux qui traverserait la lentille suivant IE, entrant et sortant par deux éléments de surface parallèles,

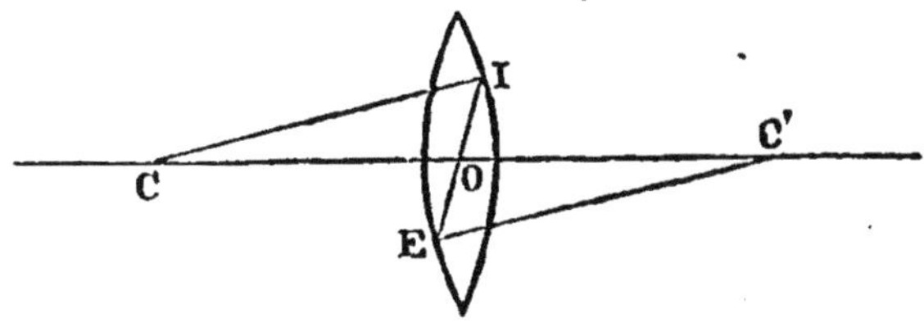

Fig. 56. — Centre optique d'une lentille bi-convexe.

n'éprouverait pas de déviation (38). Joignons IE par une droite, qui rencontre l'axe au point O. Les triangles CIO, C'EO étant semblables, on a $\frac{CO}{C'O} = \frac{CI}{C'E}$. Or CI et C'E sont les rayons des deux faces de la lentille, le rapport $\frac{CO}{C'O}$ est donc constant, et le point O est le même pour toute droite joi-

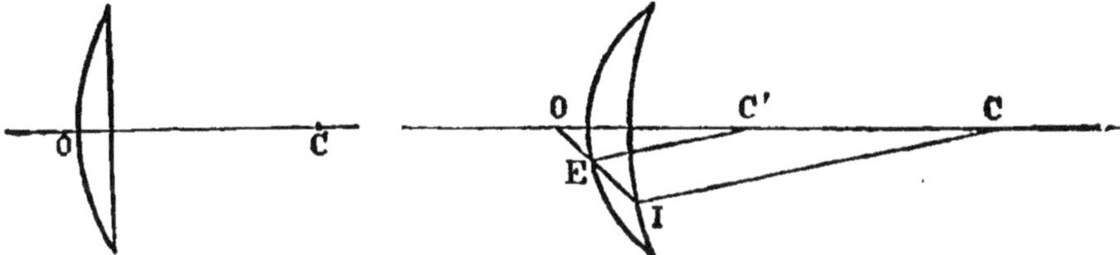

Fig. 57. — Centre optique d'une lentille plan-convexe.

Fig. 58. — Centre optique d'un ménisque convergent.

gnant deux points des faces où les normales sont parallèles. Donc aussi le point O est tel que tout rayon qui traverse la lentille en passant par ce point a la même direction avant l'incidence et après l'émergence : cette propriété est ce qui définit le centre optique.

Le centre optique est à l'intérieur d'une lentille bi-convexe ; il est au sommet de la face courbe dans une lentille plan-convexe ; il est en dehors de la lentille et du côté de la face la plus courbe pour un ménisque convergent (*fig*. 57 et 58).

Cela posé, pour construire le foyer du point Q (*fig.* 59), on mène d'abord, par le point Q et le centre optique O, l'axe secondaire QO. On mène un rayon incident QI, puis, par le centre optique, un axe *m*O*n* parallèle à ce rayon incident. On construit le rayon réfracté correspondant à

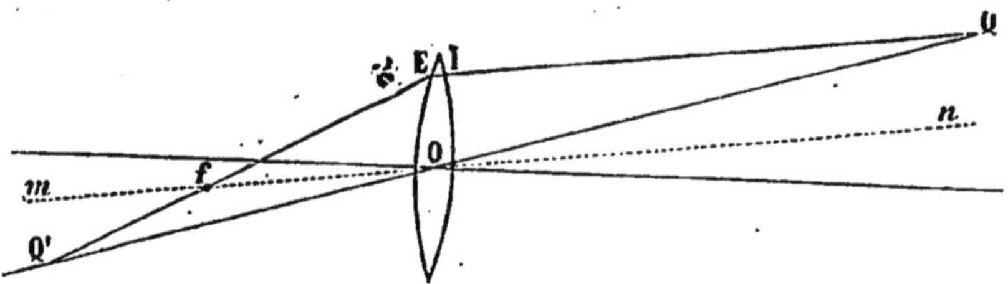

Fig. 59. — Construction du foyer.

QI, à partir de E, en le faisant passer par un point *f* de l'axe *mn*, tel que O*f* soit la distance focale principale de la lentille, et l'on prolonge E*f* jusqu'à la rencontre de l'axe secondaire QO en Q'. En omettant toute indication sur la construction de IE, on suppose que le point d'incidence et le point d'émergence se confondent sensiblement dans une lentille suffisamment mince.

46. Image d'un objet. — La figure 60 montre com-

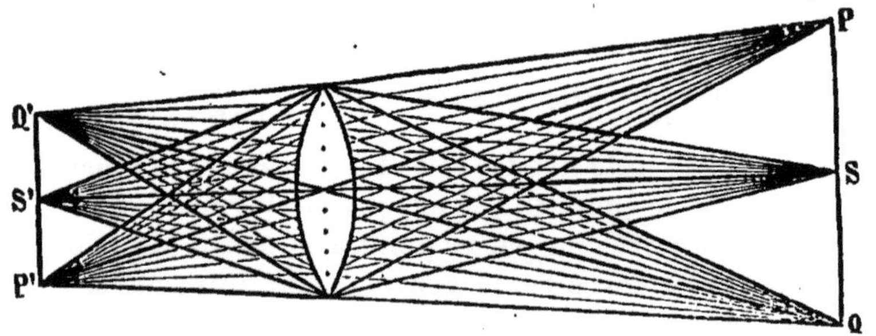

Fig. 60. — Image d'un objet.

ment les rayons envoyés vers la lentille par trois points différents de l'objet P,S,Q se groupent, en sortant du verre, pour former les trois foyers correspondants P',S', Q'.

Pour la construction géométrique de chacun de ces foyers, on appliquera la règle exposée ci-dessus.

En supposant l'objet réduit à une surface lumineuse perpendiculaire à l'axe, et comprise entre des axes secondaires peu inclinés sur l'axe central, il suffira de déterminer le foyer d'un des points, et de construire à partir de ce foyer, entre les axes secondaires, une image également perpendiculaire à l'axe central et semblable à l'objet.

Les figures 61 représentent les différents cas à considérer.

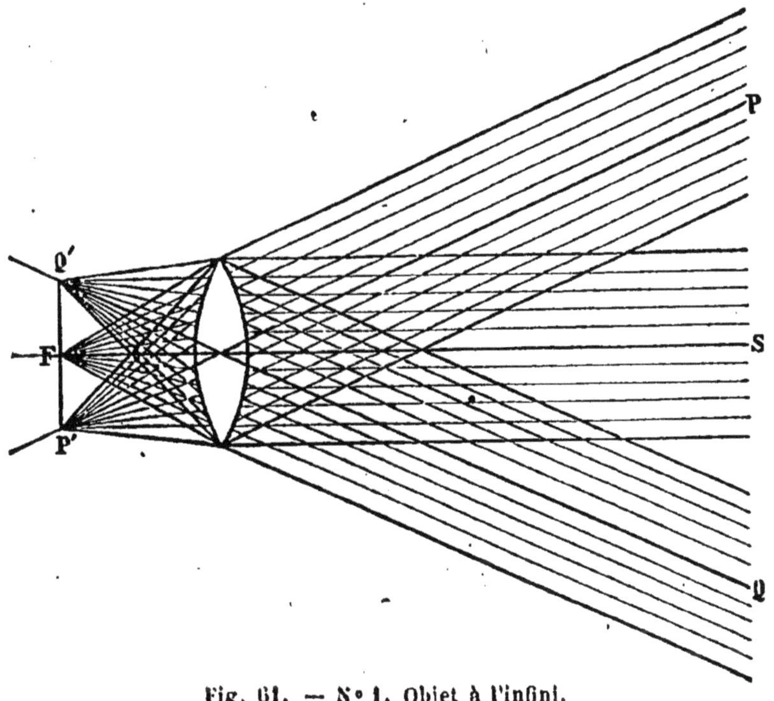

Fig. 61. — N° 1. Objet à l'infini.

La figure n° 1, dans laquelle nous avons dessiné les faisceaux de rayons correspondant au point central et à deux points extrêmes, se rapporte à un objet qui, étant situé à une distance infinie relativement aux dimensions de la lentille, a cependant un diamètre apparent sensible. C'est le cas du soleil.

La figure n° 2 suppose l'objet PQ encore fort éloigné de la lentille. L'image P'Q' en est alors plus rapprochée, mais toujours au delà du foyer principal F. L'image est réelle, renversée par rapport à l'objet, et plus petite que lui. Comme on le voit par les triangles semblables, le rapport des dimen-

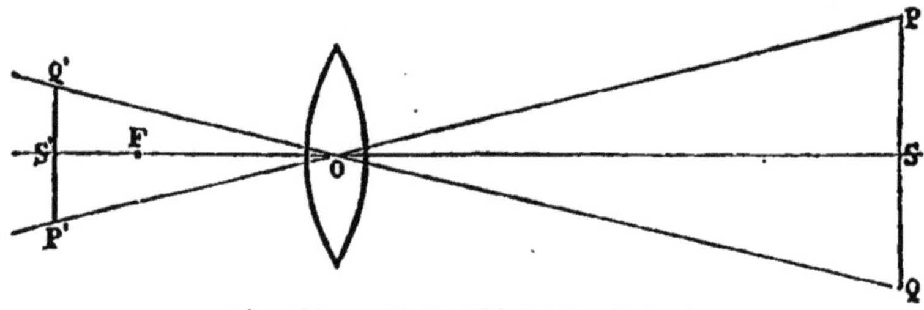

Fig. 61. — N° 2. Objet très éloigné.

sions linéaires est le même que celui des distances au centre optique. On fait l'expérience avec une bougie allumée et un écran.

Dans le n° 3, la distance de la lentille à l'objet est double

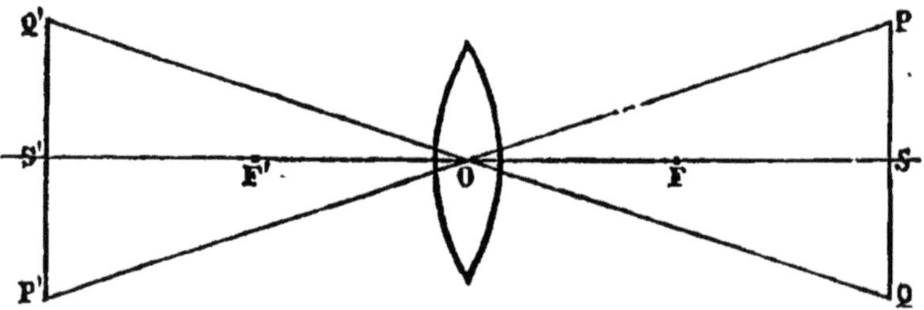

Fig. 61. — N° 3. Objet à une distance double de la distance focale principale.

de la distance focale principale; la distance étant la même entre la lentille et l'image (44), l'image est de même grandeur que l'objet.

Inutile de faire une figure pour le cas où l'objet se rapproche encore sans atteindre le foyer principal. Il n'y a qu'à prendre dans la figure n° 2 P' Q' pour l'objet et P Q pour l'image : celle-ci est toujours réelle et renversée, mais plus grande que l'objet.

La figure n° 4 représente le cas où l'objet arrive au foyer

principal. Les foyers conjugués reculent à l'infini et il n'y a plus d'image. C'est l'inverse du n° 1.

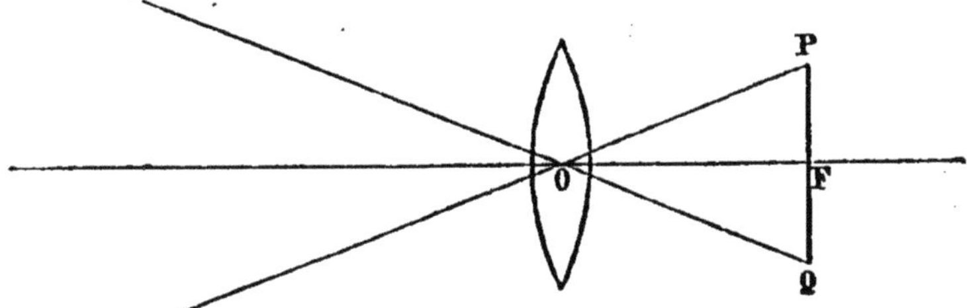

Fig. 61. — N° 4. Objet au foyer principal.

Le n° 5 suppose l'objet PQ situé entre le foyer principal F et la lentille. Les foyers conjugués se font alors du même côté de la lentille à une distance plus grande. L'image P'Q' est virtuelle, droite et plus grande que l'objet. L'image est d'abord très éloignée et par suite très grande; elle se rapproche et diminue à mesure que l'objet se rapproche lui-même de la lentille.

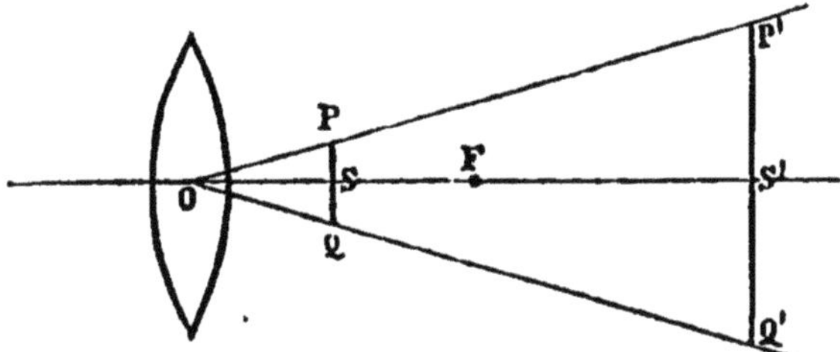

Fig. 61. — N° 5. Objet entre le foyer principal et la lentille.

47. Lentilles divergentes. Foyers et images. —

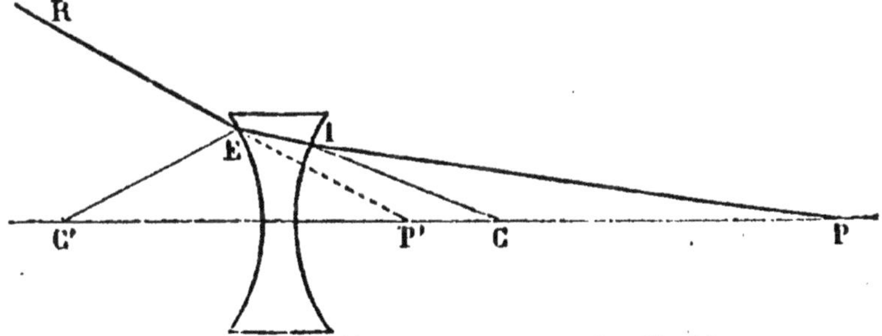

Fig. 62. — Réfraction d'un rayon par une lentille bi-concave

La figure 62 indique la marche d'un rayon P I E R à travers

une lentille bi-concave. Le rayon émerge en s'écartant de l'axe. La figure 63 montre un faisceau de rayons. Les rayons, ne se rencontrant pas au-devant de la lentille, ne forment pas de foyer réel; mais leurs prolongements géomé-

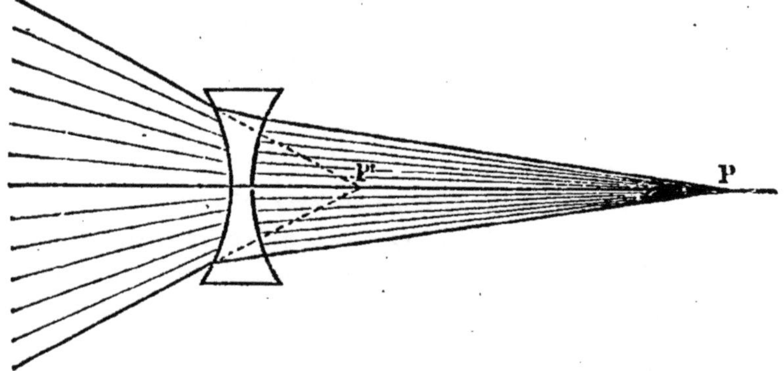

Fig. 63. — Divergence par une lentille biconcave.

triques font un foyer virtuel en P′, du même côté où se trouve le point lumineux et plus près de la lentille.

Pour des rayons incidents parallèles à l'axe principal, on

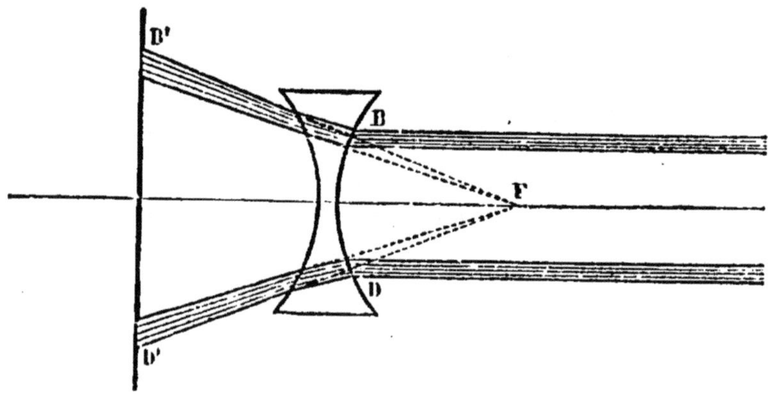

Fig. 64. — Distance focale d'une lentille bi-concave.

a un foyer principal, toujours virtuel. On le détermine par le même procédé que pour les miroirs convexes (29). On expose au soleil une lentille recouverte d'une feuille de papier qui est seulement percée de deux trous B et D (*fig.* 64), et on reçoit les faisceaux réfractés en B′ et D′ sur un écran, dont on fait varier la position jusqu'à ce que B′D′ soit double de BD ; alors la distance de l'écran au foyer principal F est double de la distance de la lentille au même foyer : en d'autres termes, la distance de l'écran à la lentille est égale à la distance focale principale.

Pour avoir le foyer d'un point Q situé hors de l'axe, on joint le point avec le centre optique O pour avoir l'axe secondaire (*fig.* 65). On mène un rayon incident QI, et par le

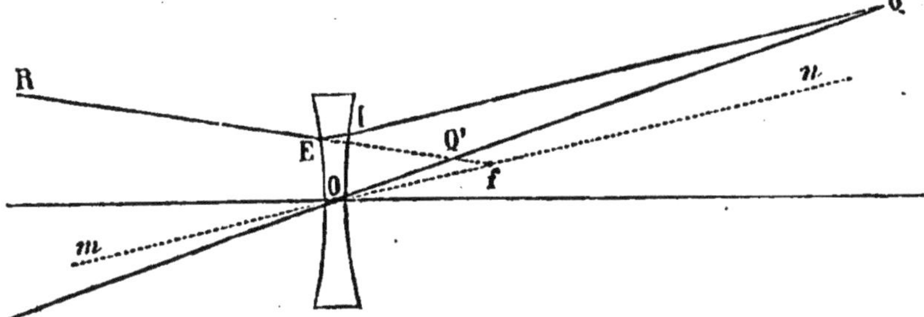

Fig. 65. — Foyer conjugué d'un point lumineux situé hors de l'axe.

centre optique un axe *mn* parallèle à ce rayon. On joint le point où se confondent l'incidence et l'émergence avec le point *f* situé sur l'axe *mn*, à une distance de la lentille égale à la distance focale principale, et on obtient ainsi le foyer Q sur l'axe secondaire QO.

De la construction du foyer d'un point excentrique, on passe à la construction des images. Les points P et Q de

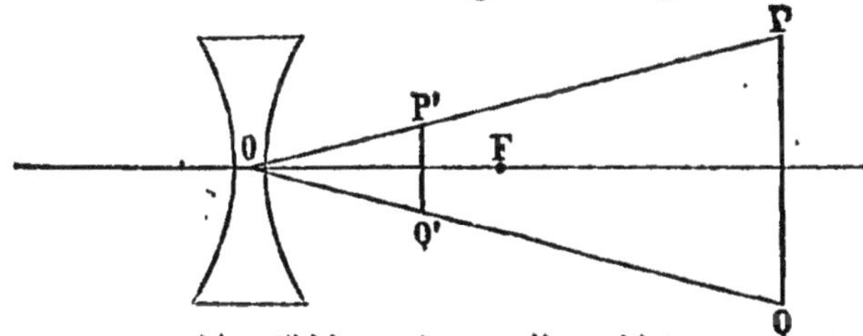

Fig. 65 *bis*. — Image d'un objet.

l'objet PQ (*fig.* 65 *bis*) formant leurs foyers aux points P′ et Q′ sur les axes secondaires PO et QO, on voit que l'image P′Q′, virtuelle comme les foyers, est droite et plus petite que l'objet.

CHAPITRE VI.

INSTRUMENTS D'OPTIQUE.

48. Chambre claire. — On ne peut bien connaître les détails d'un instrument que si on l'a dans la main. Nous nous contenterons de rattacher aux principes exposés précédemment le rôle des pièces essentielles dans quelques instruments choisis comme types.

La chambre d'Amici comprend un prisme isocèle et rectangle ABC et une lame de verre GH, inclinée à 45° sur la face hypoténuse BC du prisme (*fig.* 66). Un rayon horizontal

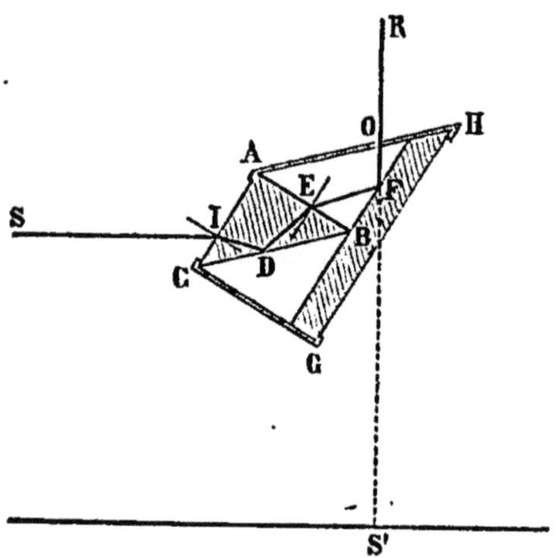

Fig. 65. — Chambre claire d'Amici.

SI entre en I dans le prisme, éprouve en D la réflexion totale (40), sort du prisme en E, dans une direction horizontale, se réfléchit de nouveau en F sur la lame et s'élève verticalement suivant FR en passant par le petit trou O de la monture. L'œil appliqué contre cette ouverture reçoit donc un faisceau de rayons et reporte le point S dans la direction OS', à travers la lame transparente. En même temps, il peut voir sous l'instrument une feuille de papier et la pointe d'un crayon en S', et suivre avec ce crayon la trace des objets situés vers le point S. Cet instrument a dû être perfectionné, à cause de la difficulté de voir à la fois les objets et le crayon qui sont inégalement éloignés.

49. Lentilles des phares. — Les phares utilisent les propriétés des lentilles pour projeter au loin dans une direction déterminée la lumière d'une lampe, qui, sans la lentille, se propagerait dans l'espace suivant toutes les directions en s'affaiblissant rapidement (3). La lampe étant placée au foyer principal, les rayons émergents sont parallèles à l'axe. La lentille reçoit et transmet d'autant plus de lumière que la surface est plus grande; mais, si elle est trop grande, les rayons transmis par le bord ne sont plus parallèles avec les rayons du centre, et l'effet de la lentille est ainsi en partie compromis. Fresnel a remédié à cet inconvénient au moyen des *lentilles à échelons* (*fig.* 67.) Une lentille à échelons se compose d'une lentille convexe centrale, d'une dimension qui permette le parallélisme des rayons émergents et d'une série de zones concentriques, dont les courbures sont calculées de façon que chaque zone rende parallèle au faisceau central le faisceau annulaire qui lui correspond.

Fig. 67.—Lentille à échelons.

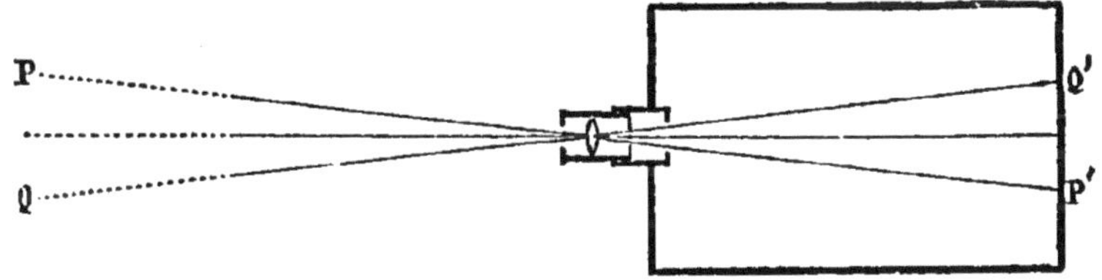

Fig. 68. — Chambre noire.

50. Chambre noire. — La lentille de la chambre noire sert à donner sur un écran une petite image réelle P'Q' d'un objet PQ éloigné. Une lentille convergente, qu'on appelle *l'objectif*, est placée sur le devant d'une boîte dont le fond est formé par une lame de verre dépoli (*fig.* 68). On tourne l'objectif vers un paysage ou vers une personne; et, le fond étant mobile, on l'avance ou on le recule jusqu'à ce qu'on voie nettement l'image de l'objet. Cette image est renversée. Elle est d'autant moins petite par rapport à l'objet que l'instrument est plus rapproché de celui-ci, et plus il est rapproché, plus le fond doit être éloigné de la lentille, de façon que la lame de verre soit au foyer des points les plus importants du tableau. L'image peut être très nette pour ces points, et assez confuse pour les parties plus voisines ou plus lointaines. On la regarde en se couvrant la tête d'un rideau noir pour exclure la lumière extérieure.

La chambre noire est l'instrument des photographes. Les dessinateurs s'en servent aussi pour relever les contours d'un paysage. Un prisme à réflexion totale, compris dans la boîte, sert à transporter l'image sur une feuille de papier, placée en dessus, dans une position commode pour le dessin.

51. Appareils à projection. — La *lanterne magique*, le *mégascope*, la *fantasmagorie*, la *lanterne à projection*, le *microscope solaire*, sont autant d'instruments dont la pièce essentielle est une lentille convergente, servant à produire sur un écran assez éloigné de la lentille l'image réelle et agrandie de petits objets placés près d'elle. Excepté le mégascope, dont on se sert quelquefois pour projeter l'image des objets en relief, les autres appareils s'appliquent presque toujours à des objets transparents, tels que des photographies et autres dessins sur verre. Le dessin est placé dans la boîte, tout près de l'objectif, plus loin pourtant que le foyer principal; l'image est reçue sur un écran tendu à une certaine distance.

Comme on le voit par la figure 60 du n° 46, les rayons envoyés sur la surface de la lentille par chacun des points de l'objet convergent, par l'effet de la lentille, sur chacun des axes secondaires; mais en même temps l'inclinaison mutuelle de ces axes fait que, dans une image agrandie, les points lumineux sont plus écartés les uns des autres que dans l'objet lui-même. Il en résulte un affaiblissement de la clarté que procure à l'image la lumière transmise par la lentille. Donc une image fortement agrandie ne sera visible sur l'écran que si l'objet est lumineux lui-même ou fortement éclairé.

Dans les appareils de projection, le dessin ou un objet

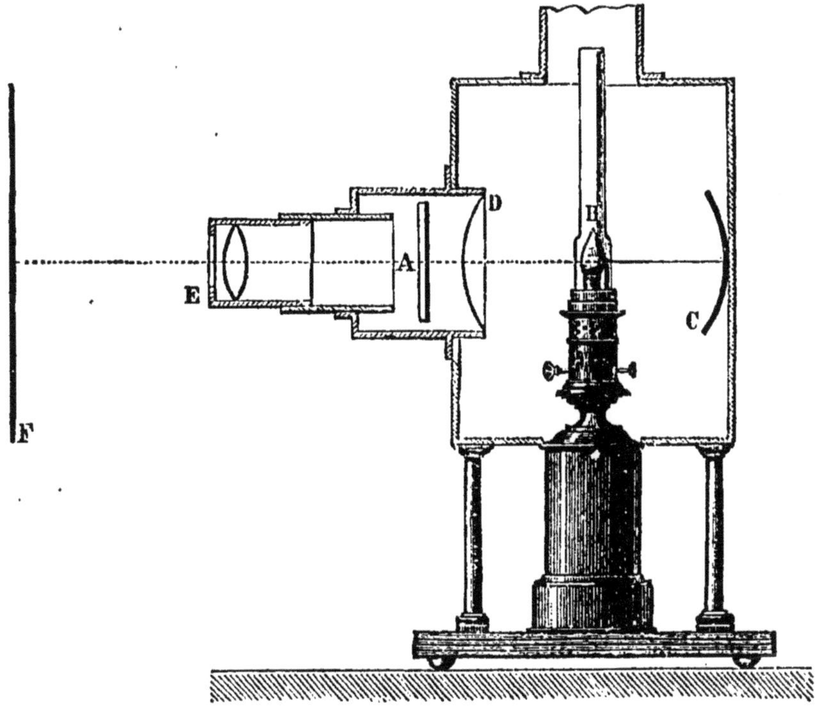

Fig. 69. — Appareil de projection.

transparent A (*fig.* 69) est éclairé par une source de lumière B disposée derrière lui : cette source est une lampe ordinaire, une lampe à pétrole et à plusieurs mèches, une lampe oxhydrique, une lampe électrique ou les rayons du soleil. Derrière la lampe, au fond de la boîte, est un miroir argenté concave C, dont la lampe occupe le centre de courbure : les rayons qui vont vers ce miroir et qui seraient perdus pour l'éclairage de l'objet reviennent vers la flamme et se joignent aux rayons directs de celle-ci. Une lentille convergente assez grande D, et quelquefois un système de deux lentilles reçoivent les rayons et les rendent parallèles ou convergents vers le dessin. Celui-ci est donc vivement éclairé. Chacun de ses points envoie alors des rayons à l'objectif E, lequel produit l'image sur l'écran F.

52. Loupe. — La loupe est une lentille convergente employée pour donner d'un objet très petit, placé entre la lentille et son foyer principal, une image virtuelle agrandie, qu'on regarde en plaçant l'œil près du verre.

Pour comprendre le rôle de la loupe, il est nécessaire d'avoir présentes à l'esprit quelques-unes des propriétés de l'œil. L'œil fonctionne à peu près comme une chambre noire.

Le système convergent comprend l'humeur aqueuse et le cristallin. Le critallin est situé derrière l'iris; l'humeur aqueuse est entre le cristallin et la cornée transparente. Au delà du cristallin, la cavité de l'œil est occupée par le corps vitré. Le fond est tapissé par la rétine,la vision est nette lorsque les foyers conjugués des points lumineux extérieurs se font sur cette membrane. Or une personne qui a les yeux à l'état normal voit nettement des objets très éloignés, comme les étoiles, et des objets plus rapprochés, pourvu que la distance ne diminue pas au-dessous d'une certaine limite, qui est de 15 ou 20 centimètres. Il faut pour cela que l'imagé subsiste sur la rétine, malgré ces variations de la distance de l'objet. Or, elle y est naturellement et sans effort de la part de l'observateur, quand l'objet est très éloigné. Pour un objet plus rapproché, les muscles de l'œil se contractent, les courbures du cristallin augmentent, et les foyers qui sans cela auraient eu leur place au delà de la rétine se trouvent ramenés sur celle-ci. *La distance minimum de la vision distincte* est la distance à partir de laquelle on ne peut rapprocher l'objet davantage, sans que l'accommodation cesse d'être possible.

Cela posé, étant donné un objet très petit, si on le place devant l'œil à une distance de vision distincte, O S, en PQ (*fig.* 70), la divergence des rayons qui émanent de chacun

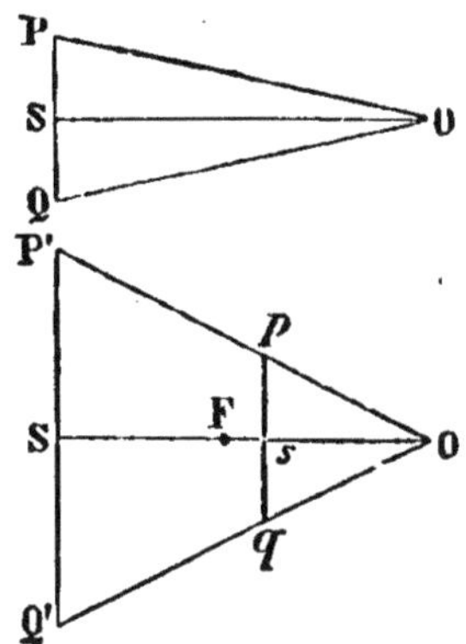

Fig. 70. — Effet de la loupe.

de ses points sera, il est vrai, convenable pour imprimer le mieux possible chacun des foyers sur la rétine, mais le diamètre apparent P O Q sera trop petit, pour que les impressions correspondantes aux divers détails de l'objet soient suffisamment séparées les unes des autres, ce qui est aussi un obstacle à la netteté de l'image; l'inconvénient subsiste même à la distance de vision distincte minimum; seulement la distance minimum est plus favorable que toute autre, parce que chaque point de l'objet envoie à la pupille d'autant plus de rayons que l'objet en est plus rapproché. La loupe est un moyen de tourner la difficulté: car elle permet, en plaçant l'objet en *p q*, plus près de l'œil, de substituer à cet objet une image virtuelle P' Q' qui ait le même diamètre apparent que *p q*, et qui en même temps soit placée à la distance de vision distincte O S.

La figure 71 représente deux faisceaux de rayons partant des points p et q de l'objet, tombant sur la lentille, arrivant à l'œil après l'émergence, dans des directions telles que leurs prolongements géométriques aboutissent aux foyers virtuels P' et Q'. Il va sans dire qu'une partie seulement de chacun des faisceaux pénètre dans l'ouverture de l'œil.

Quand on considère les images réelles produites par la lentille convergente d'un appareil de projection, le *grossissement* est le rapport des dimensions homologues de l'image et de l'objet. Dans l'emploi de la loupe, on n'a plus d'image réelle à mesurer; ce qui importe, c'est l'agrandissement du diamètre apparent, c'est-à-dire de l'angle sous lequel on voit l'une des dimensions de l'objet ou de l'image,

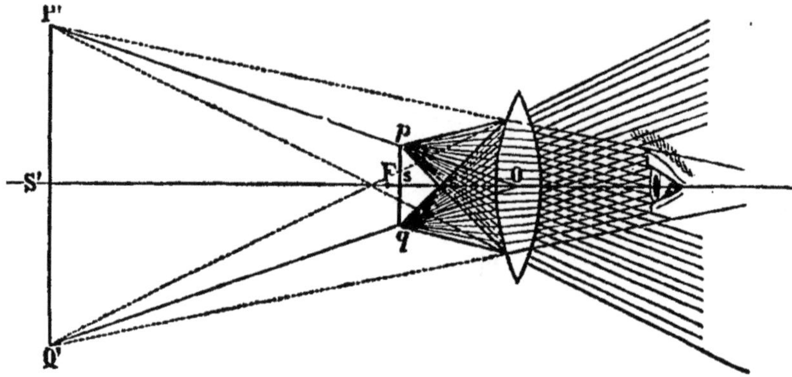

Fig. 71. — Marche des rayons dans la loupe.

Or revenons à la figure 70 et supposons l'œil assez rapproché de la loupe, pour que le point O désigne indifféremment l'œil et le centre optique de la lentille; le grossissement sera le rapport de l'angle P'OQ', sous lequel on voit l'image virtuelle à la distance minimum de la vision distincte, et de l'angle POQ sous lequel on verrait directement l'objet placé à cette même distance. Supposons encore ces angles assez petits pour qu'on puisse remplacer le rapport des arcs correspondants par le rapport des droites P'Q' et PQ nous pourrons poser $\frac{P'OQ'}{POQ} = \frac{P'Q'}{PQ}$ et le grossissement de la loupe sera ramené encore au rapport des dimensions linéaires de l'image à celles de l'objet.

Le rapport $\frac{P'Q'}{PQ}$ ou $\frac{P'Q'}{pq}$ est d'ailleurs égale à $\frac{OS'}{Os}$ ou $\frac{D}{Os}$, en appelant D la distance minimum de la vision distincte.

Il ne faut pas se hâter de conclure de cette expression que le grossissement augmente avec D, car Os varie en même temps que D, quand on met l'objet au point pour différents observateurs. Mais on peut conclure de cette remarque que la grandeur de l'image augmente à l'infini quand elle recule indéfiniment, tandis que l'objet lui-même se déplace très peu entre la loupe et son foyer principal. A cause de ces petits déplacements de l'objet, on remplace quelquefois l'expression précédente du grossissement par l'expression $\frac{D}{f}$, en considérant la distance de l'objet au verre comme égale à la distance focale principale f.

De cette dernière expression on déduit encore que le grossissement d'une loupe est d'autant plus fort, que le foyer de la lentille est plus court. Or le foyer est lui-même d'autant plus court que les faces de la lentille ont une courbure plus prononcée, comme on peut s'en assurer soit en faisant des constructions géométriques, soit en exposant au soleil des lentilles de plus en plus bombées. Quand les lentilles sont fortement courbées, les rayons incidents ne peuvent tomber tant soit peu loin du milieu du verre sans être sujets à l'aberration de sphéricité (43): aussi fait-on ces verres très petits et souvent on en couvre les bords par un diaphragme.

Pour avoir une expression plus exacte du grossissement et justifier les déductions précédentes, il faudrait recourir aux formules qui représentent la marche géométrique des rayons dans les lentilles. Nous dirons ci-après, à propos du microscope, comment on peut mesurer directement par expérience le grossissement d'un instrument à images virtuelles.

Outre le grossissement, qui est le rapport des diamètres apparents de l'image et de l'objet vu à la même distance, on considère aussi la *puissance* de la loupe, qui est le diamètre apparent de l'image d'un objet de longueur 1 vue à la distance minimum de la vision distincte. La valeur de ce diamètre apparent augmente, comme le grossissement, avec la courbure des faces de la lentille, mais, au lieu d'augmenter avec D, elle diminue quand la distance de vision distincte augmente. La distance minimum est donc seule à considérer pour une personne donnée et un myope (58) voit plus gros qu'un presbyte à travers la loupe. Tous ces résultats se déduisent des formules des lentilles.

53. Microscope composé (1). — Le microscope composé est ainsi appelé par opposition à la dénomination de *microscope simple* qu'on donne quelquefois à la loupe. Il comprend comme pièces essentielles deux lentilles convergentes, l'*objectif* près duquel on place l'objet, l'*oculaire* contre lequel on applique l'œil.

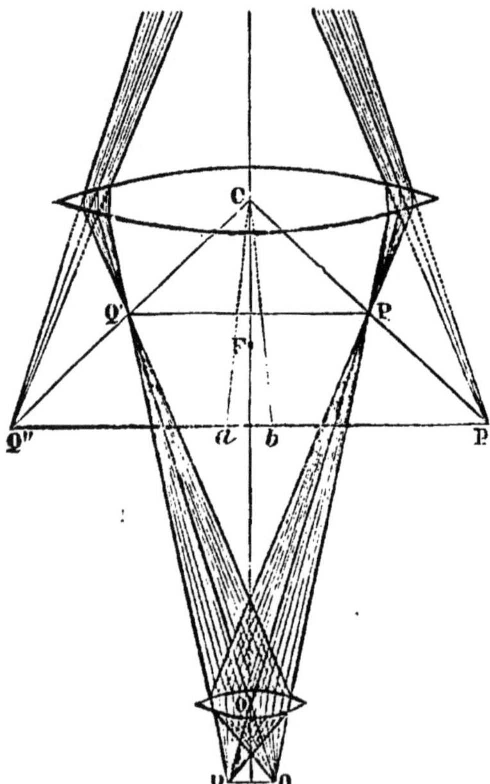

Fig. 72. — Microscope composé.

L'objectif a une plus forte courbure que l'oculaire, et plus il est bombé, plus il est petit ; l'oculaire est plus plat et plus large. L'objectif est destiné à produire une image réelle plus grande que l'objet;

(1) μικρός et σκοπεῖν.

l'oculaire est une loupe par laquelle on substitue à cette image réelle une image virtuelle encore plus grande.

Soit PQ l'objet, O l'objectif, C l'oculaire (*fig.* 72). L'objet est un peu au delà du foyer principal de l'objectif; P′ Q′ est l'image réelle ; elle est un peu en deçà du foyer principal F de l'oculaire; P″ Q″ est l'image virtuelle. On a dessiné dans la figure les deux faisceaux des rayons qui, partant l'un de P, l'autre de Q, couvrent l'objectif, le traversent et vont converger en P′ Q′, sur les axes secondaires P O P′, QOQ′. Ils continuent leur route, après le croisement des rayons et atteignent l'oculaire ; celui-ci les reçoit, pourvu qu'il ait une étendue suffisante : car les rayons qui composent ces faisceaux ne se propagent pas dans toutes les directions, comme le feraient des rayons émis par un point lumineux, mais dans des directions déterminées par leur marche antérieure. Les rayons traversent l'oculaire ; l'œil, étant placé au point où ils se croisent, reçoit une partie de chacun des faisceaux et ils y produisent l'impression de foyers virtuels situés en P″ Q″. L'observateur voit donc l'image P″ Q″ au lieu de l'objet PQ. Cette image doit être à la distance minimum de la vision distincte.

Le grossissement est le rapport du diamètre apparent P″CQ″ de l'image au diamètre apparent *a*C*b* qu'aurait l'objet PQ transporté en *a b* à la distance de la vision distincte sur la droite P″Q″. Nous pouvons sans erreur sensible remplacer ce rapport d'angles $\frac{P''CQ''}{aCb}$ par le rapport des droites $\frac{P''Q''}{ab}$ ou $\frac{P''Q''}{PQ}$; d'ailleurs $\frac{P''Q''}{PQ}$ est égal au produit $\frac{P''Q''}{P'Q'} \times \frac{P'Q'}{PQ}$. Or, $\frac{P'Q'}{PQ}$ est le grossissement de l'objectif donnant l'image réelle P′ Q′ de PQ ; et $\frac{P''Q''}{P'Q'}$ est le grossissement de l'oculaire donnant l'image virtuelle P″ Q″ d'un objet P′ Q′. On peut donc calculer le grossissement du microscope composé au moyen du grossissement de chacun des verres qui le composent.

Il vaut mieux le déterminer expérimentalement. On se sert à cet effet d'une chambre claire qui peut être réduite à une ouverture et à un petit prisme et qu'on fixe au-devant de l'oculaire (*fig.* 73). La figure suppose que le tube du microscope est placé horizontalement à gauche de l'ouverture et que l'œil est à droite. On prend pour objet un micromètre, c'est-à-dire une lame de verre où sont tracées des divisions en centièmes de millimètre, par exemple. On le regarde à travers l'ouverture de la chambre, et à travers le microscope ;

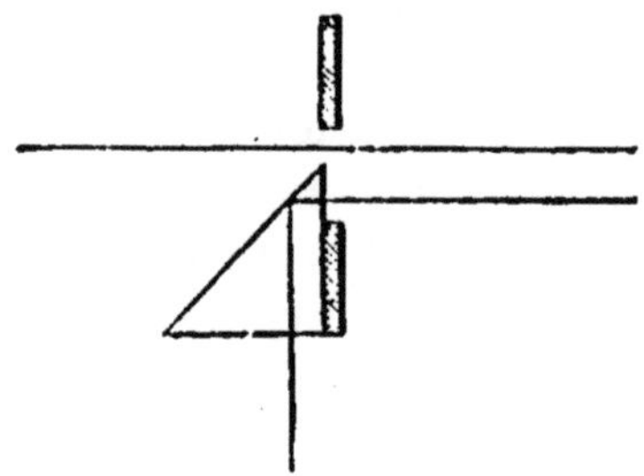

Fig. 73. — Mesure du grossissement.

en même temps on regarde par réflexion dans le prisme de la chambre une règle divisée en millimètres placée au-dessous du prisme, à la même distance de vision distincte que l'image virtuelle du micromètre. On voit ainsi combien de millimètres sont couverts par l'image d'un centième de millimètre: s'il y en a n, le grossissement est 100 n.

Ce grossissement étant une fois connu, on pourrait mesurer les dimensions linéaires d'un objet microscopique en projetant de la même manière son image sur la règle. La dimension observée serait de $\frac{1}{100}$ de millimètre, si elle couvrait n millimètres, ou $\frac{1}{100\,n}$ de millimètre, si elle en couvrait un.

Les objets microscopiques ne sont visibles, dans leur image très amplifiée, qu'à la condition d'être fortement éclairés : on les éclaire au moyen d'un miroir convergent ou d'une lentille convergente, selon qu'ils sont transparents ou opaques. On met l'instrument au point, tantôt en faisant mouvoir le porte-objet par rapport à l'objectif, tantôt en déplaçant l'instrument par rapport à l'objet.

Nous ne pouvons nous dispenser de dire ici que l'objectif et l'oculaire sont l'un et l'autre, non pas une lentille, mais un système de lentilles. L'objectif comprend souvent trois lentilles ; on prévient ainsi en partie l'aberration de sphéricité que produirait une lentille unique en raison de la forte courbure qu'il faudrait donner à ses faces. De plus, chacune de ces trois lentilles est composé de deux verres, de nature différente, accolés, l'un convergent et l'autre divergent : cette disposition a pour but de rentre l'objectif *achromatique* (1), c'est-à-dire de supprimer autant que possible les couleurs qui se montrent sans cela autour des images, et qui constituent ce qu'on appelle *l'aberration de réfrangibilité*; nous aurons à revenir plus tard sur ces effets de coloration.

L'oculaire est composé lui-même de deux lentilles convergentes, l'une extérieure près de l'œil, l'autre intérieure à une distance notable de la première. Celle-ci s'appelle la *lentille de champ*. Elle contribue à l'achromatisme ; et, en même temps, elle augmente le *champ de* l'instrument, c'est-à-dire l'espace où sont compris les points du porte-objet qu'on peut voir avec l'instrument : augmentation d'autant plus utile qu'on est obligé d'intercepter, au moyen d'un *diaphragme* placé entre les deux verres, les rayons qui tomberaient trop obliquement sur l'oculaire, et qui nuiraient par l'aberration de sphéricité à la netteté des images.

54. Lunette astronomique. — La lunette astronomique comprend, comme le microscope, un objectif et un oculaire. Mais, l'objet étant très gros et très éloigné, l'image réelle est cette fois plus petite que l'objet et elle se forme au foyer principal de la lentille. L'oculaire fonctionne toujours comme loupe et substitue à l'image réelle une image virtuelle, plus grande que l'image réelle, mais incomparablement moindre que l'objet. Le grossissement ne peut plus être ici le rapport de la grandeur de l'image à

---

(1) ἀ, χρῶμα.

celle de l'objet : il résulte de la comparaison des diamètres apparents de l'un et de l'autre, l'image étant vue dans la lunette, et l'objet étant vu à sa place réelle sans instrument.

Dans la figure 74, O est l'objectif; PO et QO sont les axes secondaires des deux points extrêmes de l'objet, d'où viennent des rayons parallèles à ces axes ; les deux faisceaux convergent sur les mêmes axes en P′ et en Q′, à la distance du foyer principal F de l'objectif. Ils continuent leur route et arrivent à l'oculaire C, dont la position est telle que l'image réelle P′Q′ soit entre l'oculaire et son foyer principal *f*. Les rayons entrant dans l'œil lui font voir l'image

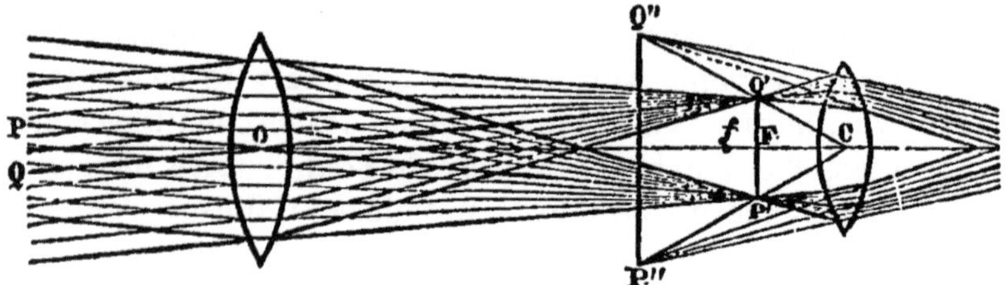

Fig. 74. — Lunette astronomique.

virtuelle P″Q″. Cette image est renversée par rapport à l'objet. L'image réelle étant toujours à la même place, on met l'instrument au point en enfonçant plus ou moins dans le gros tuyau qui porte l'objectif, le tube plus petit qui porte l'oculaire.

Le grossissement est le rapport de l'angle P″ O Q″ à l'angle P O Q ou son égal P′ O Q′. En prenant les demi-angles et en substituant à ces demi-angles, qui sont très petits, leurs tangentes, on a pour ce rapport $\frac{P'F}{FC} : \frac{P'F}{FO}$ ou $\frac{FO}{FC}$. D'ailleurs FC diffère très peu de C *f* et l'on peut prendre l'un pour l'autre en supposant que l'œil regarde l'image virtuelle à l'infini, qui est la distance de la vision distincte sans accommodation. Donc en désignant par F et *f* les distances focales de l'objectif et de l'oculaire, le grossissement est le rapport $\frac{F}{f}$ de ces deux distances.

On voit par là que, pour grossir beaucoup, une lunette doit avoir un objectif à long foyer et un oculaire à court foyer. La longueur totale de la lunette dépendant surtout de l'objectif, les fortes lunettes sont très longues. Elles sont longues aussi pour une autre raison : l'image réelle donnée par l'objectif n'est visible, après avoir été agrandie par l'oculaire, qu'à la condition d'être très brillante : il faut que l'objectif reçoive de chaque point de l'objet une grande quantité de lumière, ce qui oblige à donner au verre une grande largeur; mais alors on ne peut éviter l'excès de l'aberration de sphéricité, qu'en diminuant la courbure des faces, ce qui allonge le foyer.

Entre autres moyens de mesurer expérimentalement le grossissement de la lunette, on peut appliquer le même que nous avons indiqué pour le microscope : on place à une grande distance une règle divisée ; ayant l'œil à la lunette (*fig.* 75), on voit la règle par réflexion dans deux miroirs

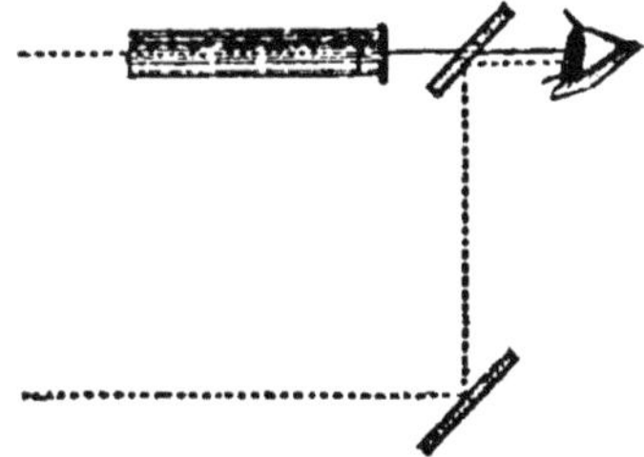

Fig. 75. — Mesure du grossissement.

inclinés, tandis qu'on voit son image par la lunette, à travers un petit trou ménagé dans le miroir qui est devant l'oculaire : on compte les divisions de la règle vue directement qui sont couvertes par une division de l'image.

Le grossissement n'est pas la seule qualité d'une lunette. Cette qualité est même insignifiante à l'égard des étoiles, qui, à cause de la distance, n'ont pas de diamètre apparent. Ce qui importe alors, c'est la clarté de l'image. Or, dans le cas d'un point lumineux unique, comme les étoiles, la clarté est beaucoup plus grande avec la lunette qu'à l'œil nu. Cela explique pourquoi on distingue beaucoup plus d'étoiles avec une lunette qu'à l'œil nu. D'ailleurs, la clarté augmente avec le diamètre de l'objectif. — Quand l'objet a des dimensions finies, la clarté est bien augmentée par la lunette pour chaque point, mais, la lumière étant disséminée en raison de l'amplification de l'image, l'objet est vu moins clairement avec la lunette que sans instrument. Ainsi une lunette augmente la clarté des étoiles et diminue celle de la région du ciel où elles se trouvent, c'est pourquoi elle permet de voir les étoiles en plein jour.

La netteté est une troisième qualité des lunettes. Elle dépend des conditions physiques de la construction, pureté des lentilles et surtout de l'objectif, perfection des courbures, ajustement. Le défaut de netteté qui proviendrait de la coloration du bord de l'image est corrigé par l'achromatisme des verres. L'objectif achromatique est composé d'une lentille biconvexe en crown et d'une lentille plan-concave ou d'un ménisque divergent en flint.

55. Lunette terrestre. — La lunette terrestre diffère de la lunette astronomique par l'addition de deux lentilles destinées à redresser l'image par rapport à l'objet. Cette addition ne pouvant que nuire à la netteté et à la clarté des images, on ne l'applique qu'aux longues-vues ; on s'en dispense pour les lunettes de précision. Les deux lentilles sont fixées au tube qui porte l'oculaire.

Dans la figure 76, les deux faisceaux de rayons parallèles aux axes secondaires PO, QO font une image réelle renversée pq au foyer principal F de l'objectif O. Ces faisceaux sont reçus sur une lentille convergente A, dont le foyer principal est aussi en F. Les rayons de chacun des faisceaux sortent de la lentille parallèlement aux axes secondaires Ap, Aq. Ils tombent sur une seconde lentille B, et ils vont converger, sur des axes secondaires parallèles à leur propre direction, en P' et Q', à la la distance focale principale de cette lentille B. On a ainsi une image réelle P'Q' redressée qu'on regarde avec l'oculaire: l'image virtuelle définitive P'' Q'' est droite elle-même par rapport à l'objet.

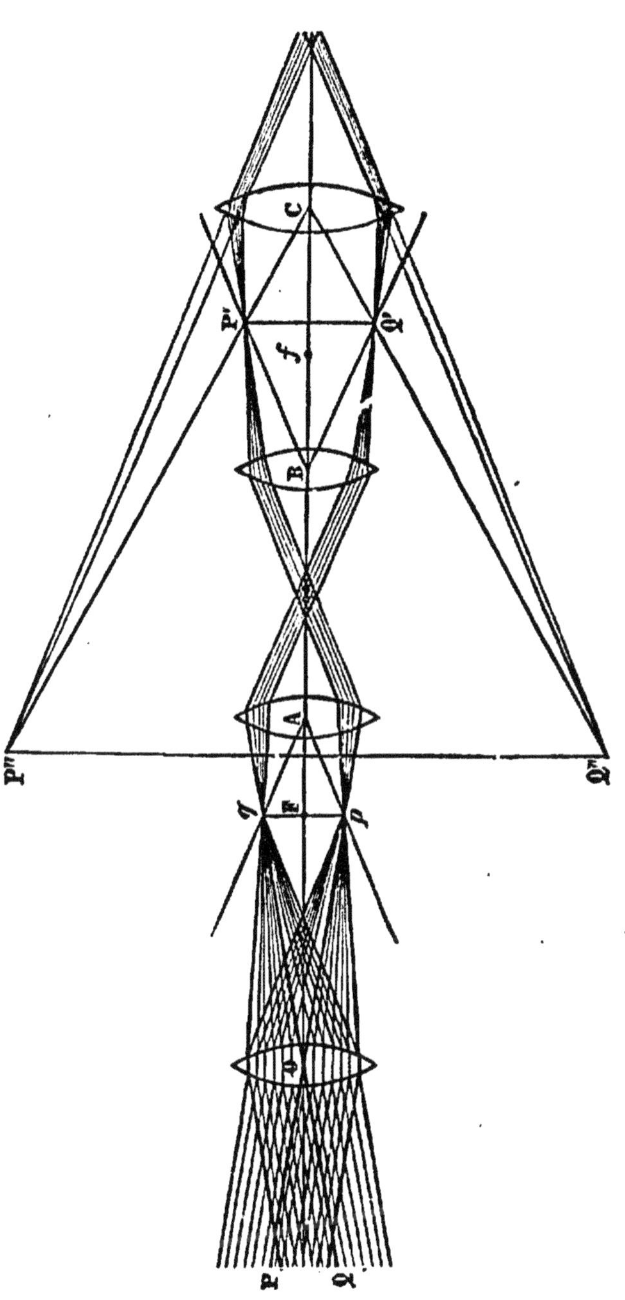

Fig. 76. — Lunette terrestre.

56. Lunette de Galilée. — La lunette de Galilée composée d'un objectif et d'un verre divergent pour oculaire, donne des images droites et a sur la longue-vue l'avantage d'être beaucoup plus courte.

Dans la figure 77, on voit, comme toujours, les faisceaux incidents sur l'objectif O, parallèles aux axes secondaires PO, QO. Ces faisceaux iraient former les foyers virtuels P' et Q', à la distance focale OF de l'objectif, sans l'interposition de l'oculaire. Cet oculaire divergent C écarte des axes secondaires CP', CQ' les rayons de chacun des faisceaux et les

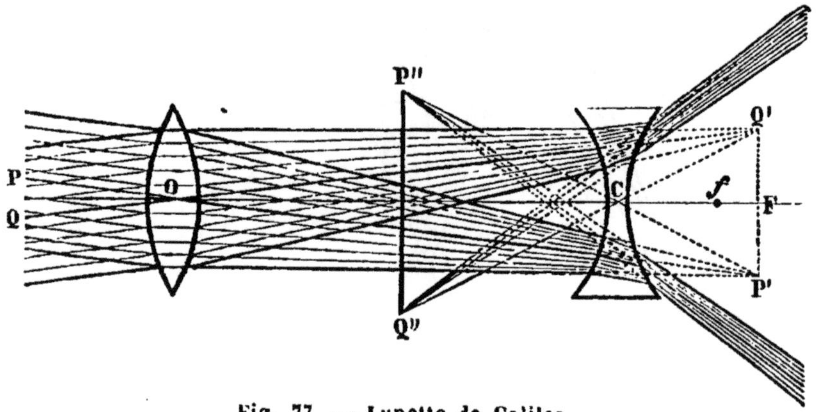

Fig. 77. — Lunette de Galilée.

dirige de façon que leurs prolongements géométriques aillent concourir, de l'autre côté du verre, sur les mêmes axes secondaires en P'', Q''. Il faut pour cela que la distance CF de l'image non réalisée P' Q' à l'oculaire C soit un peu plus grande que la distance focale Cf de ce verre. Comme les rayons sortent de la lunette en divergeant, l'œil ne peut en recevoir de tous les points de l'objet qu'à la condition d'être appliqué contre l'oculaire. Il voit une image virtuelle P'' Q'' qui est droite par rapport à l'objet.

Le grossissement est le rapport de l'angle P'' CQ'' ou P' CQ' à l'ngle POQ ou P'OQ'. Ce rapport est sensiblement égal au quotient de $\frac{P'F}{CF}$ par $\frac{P'F}{OF}$, c'est-à-dire à $\frac{OF}{CF}$. Comme

CF diffère réellement très peu de Cf, le grossissement de la lunette de Galilée a la même expression que celui de la lunette astronomique, savoir le rapport $\frac{F}{f}$ des distances focales de l'objectif et de l'oculaire. De ce que l'oculaire est entre l'objectif et son foyer, au lieu d'être au delà du foyer, il résulte que la lunette de Galilée est plus courte que la lunette astronomique pour le même grossissement. Elle est plus courte à plus forte raison qu'une longue-vue qui porte en outre le système redresseur de l'image.

La lorgnette de spectacle, dite jumelle, est l'ensemble de deux lunettes de Galilée. Pour la lorgnette, comme pour tous les instruments à oculaire, le microscope, les lunettes et les télescopes, la position de l'oculaire doit varier selon la vue de l'observateur, par la raison que la distance de l'oculaire à l'image réelle doit toujours être telle que l'image virtuelle se forme à la distance minimum de la vision distincte, et que cette distance change d'une personne à une autre.

57. Télescope (1). — Dans un télescope, on obtient une image réelle de l'objet par réflexion à la surface d'un miroir métallique et on l'observe avec un oculaire. En d'autres termes, l'objectif est un miroir.

Le télescope a sur les lunettes cet avantage que son objectif est essentiellement achromatique, car la réflexion ne colore pas les images comme la réfraction. Mais une surface métallique se ternit rapidement, et à la moindre altération de poli on perd beaucoup de lumière : or, quand le miroir est tout en métal, comme cela était autrefois, il faut presque le même travail pour le repolir qne pour lui donner une première fois sa courbure ; le poids de l'appareil, les variations de la température l'exposent à des déformations plus nuisibles dans un miroir que dans une lentille. Ces inconvénients avaient fait délaisser les télescopes et l'on s'appliqua d'autant plus à perfectionner le travail des objectifs. Les télescopes ont repris faveur dans ces derniers

(1) τῆλε et σκοπέω.

temps, grâce aux miroirs de Foucault. Ces miroirs sont en verre et argentés dans leur surface concave. Ils sont légers, faciles à travailler, et quand ils sont ternis, on renouvelle la couche d'argent sans altérer la courbure. On a installé à Paris un télescope Foucault dont le miroir a 1m, 20 de diamètre.

On a varié beaucoup la disposition relative du miroir et de l'oculaire. On cite les télescopes de Newton, de Grégori, de Cassegrain, de W. Herschel. Nous allons indiquer la disposition du télescope Foucault, qui se rapporte au type de Newton.

La figure 78 représente la marche du faisceau de rayons par rapport à l'axe principal du miroir. Les rayons incidents

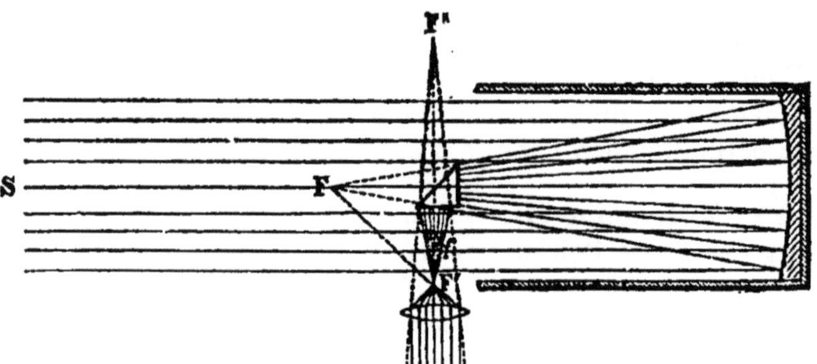

Fig. 78. — Télescope.

parallèles à l'axe se réfléchissent en convergeant vers le foyer principal F. En avant du point F, ils sont arrêtés par un prisme à réflexion totale qui renvoie le point de convergence en F'. Les rayons, après s'être croisés en F', arrivent à l'oculaire, qui diminue leur divergence et produit un foyer virtuel en F''. Le télescope Foucault, a pour oculaire, au lieu d'une simple loupe, un microscope composé avec lequel on observe l'image réelle. Le prisme est placé au milieu de l'orifice du grand tube qui contient le miroir; comme il est petit, il intercepte trop peu de rayons incidents pour nuire à la clarté de l'image. Le microscope est mobile autour du bord de l'orifice.

La figure 78 bis représente les axes secondaires dont l'écartement permet d'estimer le grossissement. Le diamètre apparent de l'objet est l'angle POQ ou pOq ; le diamètre apparent de l'image, en supposant l'oculaire réduit à une loupe est P″CQ″ ou P′CQ′. Comme pq = P′Q′ et que l'image P′ Q′ peut être censée à la distance focale f de la loupe, le rapport des diamètres apparents est $\frac{F}{f}$ comme pour la lunette astronomique.

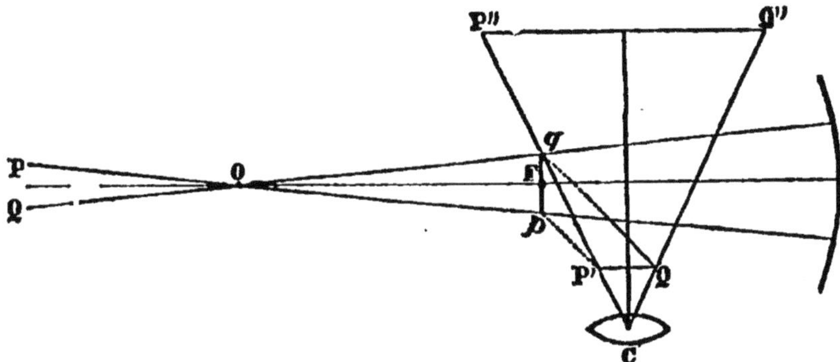

Fig. 78 bis. — Grossissement du télescope.

58. Bésicles (1). — L'étude de l'œil devrait compléter celle des instruments d'optique. Mais la description des parties dont il se compose nous mènerait trop loin et peut être renvoyée à un cours de physiologie. Nous dirons seulement quelques mots de l'emploi des verres convergents ou divergents pour corriger les défauts de l'œil.

L'œil normal, avons-nous dit (52), voit nettement des objets dont la distance varie de l'infini à environ 15 centimètres : il est au repos quand il regarde à l'infini ; il fait effort d'accommodation pour des distances moindres : l'accommodation cesse d'être possible à la limite de 15 ou de 20 centimètres, qu'on appelle la distance minimum de la vision distincte.

Pour des yeux *presbytes* (2), cas fréquent chez les

(1) *Bis oculi.*

(2) πρέσβυς

vieillards, l'accommodation est plus difficile : elle n'est possible que jusqu'à une distance minimum de 60 ou 80 centimètres, ou d'un mètre ou même davantage.

L'obligation de placer à cette distance les objets qu'on veut voir, par exemple les livres qu'on veut lire, est incommode ; de plus le diamètre apparent des menus objets est alors si petit que les détails risquent de passer inaperçus. Or, quand un objet s'éloigne d'un verre convergent, l'image s'en rapproche : donc dire qu'un presbyte éloigne un objet de ses yeux pour le voir nettement, c'est dire qu'il rapproche l'image vers le cristallin pour l'amener sur la rétine, ou que, pour une distance commode de l'objet, le point où devrait se faire l'image est trop loin du cristallin. Le système réfringent de l'œil presbyte est donc trop peu convergent. On corrige ce défaut au moyen de verres convergents, à long foyer, appelé *bésicles* ou lunettes. Un objet étant placé à la distance de 20 centimètres, tandis que les rayons allant directement de cet objet à l'œil seraient trop divergents pour cet œil, les mêmes rayons transmis par le verre ont une moindre divergence, et arrivent à l'œil comme s'ils partaient d'un objet situé plus loin.

Les verres convergents conviennent également aux yeux *hypermétropes* (1), par opposition aux yeux normaux qu'on appelle aussi *emmétropes* (2). Les yeux hypermétropes ont une structure telle que les points où convergent les rayons sont toujours au delà de la rétine, même pour une grande distance de l'objet.

L'œil des *myopes* (3) ne voit les objets éloignés, ni à l'état de repos, ni par accommodation. La vision n'a de netteté que pour une distance qui est au-dessous de 15 centimètres, ou pour une échelle très restreinte de distances dont le minimum est toujours inférieur au minimum normal. Si donc les myopes ont besoin de placer les objets très près

(1) ὑπὲρ, μέτρον, ὤψ.
(2) ἐν, μέτρον, ὤψ.
(3) μύω, ὤψ.

de l'œil pour les voir, c'est qu'ils ont besoin de faire reculer l'image pour l'amener sur la rétine, ou que cette image était trop près du cristallin pour une distance ordinaire de l'objet. Les yeux myopes sont dont trop convergents, et, pour corriger ce défaut, on doit faire usage de bésicles divergentes.

La portée de la vue est quelquefois différente pour les deux yeux : les bésicles doivent avoir alors deux verres différents. Un défaut très commun qu'on appelle *l'astigmatisme* (1) est celui des yeux dont les surfaces n'ont pas la même courbure tout autour de l'axe : on le combat par des verres cylindriques, c'est-à-dire qui ne sont courbes que dans un sens.

59. Stéréoscope (2). — Outre que les yeux s'accommodent pour que l'image soit nette dans chacun d'eux, ils savent encore se concerter l'un avec l'autre pour que les deux ensemble ne voient qu'une image d'un même point. Il faut pour cela que les axes des deux yeux se rencontrent en ce point. On voit double dès que par une pression insolite on dérange l'un des axes par rapport à l'autre.

En se transportant d'un point à un autre d'un objet, chacun des yeux déplace son axe optique ; mais, comme ils sont écartés l'un de l'autre, le déplacement angulaire n'est pas le même pour les deux axes ; il y a même des parties de l'objet qui sont visibles pour un œil et cachées pour l'autre.

En d'autres termes, la perspective n'est pas la même pour les deux yeux. Cette double perspective d'une image unique est ce qui nous donne la sensation du relief.

Cette sensation est obtenue artificiellement au moyen du *stéréoscope*. Au fond de la boîte, on place deux images photographiques du même objet, prises dans deux directions un peu différentes l'une de l'autre, de telle sorte qu'elles comprennent entre elles à peu près le même angle qu'au-

(1) ἀ, στίγμα.
(2) στερεός.

raient fait les axes des deux yeux tournés vers un même point de l'objet. On regarde les deux épreuves par deux lentilles fonctionnant comme de faibles loupes ; mais un écran interposé ne permet à chacun des yeux que de voir la photographie faite pour lui, et les deux lentilles sont inclinées de façon que les deux images virtuelles se superposent l'une à l'autre. On réalise ainsi les conditions de la vision en relief.

CHAPITRE VII.

DÉCOMPOSITION ET RECOMPOSITION DE LA LUMIÈRE.

60. Spectre solaire. — Non seulement la lumière rend les corps visibles, mais elle les colore. La couleur est une propriété physique des rayons lumineux, dont nous avons fait abstraction jusqu'à présent, voulant d'abord les considérer exclusivement au point de vue géométrique. On doit à Newton les expériences et l'ensemble des idées que nous allons exposer sur la couleur des rayons lumineux et sur la coloration des corps.

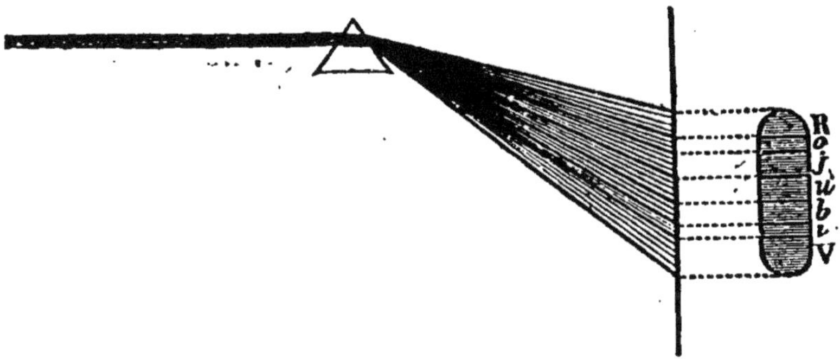

Fig. 79. — Spectre solaire. (La dilatation du faisceau commence dès l'entrée dans le prisme.)

L'expérience fondamentale est celle du spectre solaire. On fait entrer dans une chambre obscure, par une petite ouverture ronde, un faisceau de rayons solaires (*fig.* 79); sur le trajet de ces rayons, on dispose un prisme, ayant, par exemple, ses arêtes horizontales et sa base en bas, et on reçoit le faisceau émergent sur un écran. Le faisceau émergent est dévié tout entier de haut en bas par rapport au faisceau incident. De plus, il est étalé dans le sens perpendiculaire aux arêtes du prisme ou vertical et il marque sur l'écran une image allongée dans le même sens, qui est colorée. Cet image est ce qu'on nomme le spectre (1) solaire.

Newton a distingué dans le spectre solaire sept couleurs principales, qui sont, en allant de la base vers l'arête du prisme : *violet*, *indigo*, *bleu*, *vert*, *jaune*, *orangé*, *rouge*.

Mais on peut dire que les couleurs sont innombrables, puisqu'elles passent par toutes les nuances du rouge au violet.

61. Dispersion. — Si toute la lumière blanche qui compose le faisceau solaire se réfractait également à chacune des faces du prisme, les rayons seraient parallèles dans le faisceau réfracté, comme dans le faisceau incident : et l'image imprimée sur l'écran, en supposant celui-ci perpendiculaire aux rayons, serait une image circulaire semblable à celle que feraient les rayons incidents eux-mêmes. On appelle *dispersion* l'inclinaison relative des rayons qui constituent le faisceau émergent.

Il résulte de la dispersion que l'indice de réfraction (32) et l'angle limite (34), pour deux milieux juxtaposés, varient avec la couleur du rayon que l'on considère. Les valeurs qu'on donne sans spécifier la couleur se rapportent à la partie moyenne du spectre.

62. Composition de la lumière blanche. — L'explication la plus simple de la dispersion est celle qu'a donnée Newton et que toutes les expériences suivantes confirment, savoir : que la lumière blanche est composée d'une multitude de rayons diversement colorés ; que ces divers rayons sont inégalement réfrangibles ; que chaque rayon caractérisé par sa couleur et sa réfrangibilité, demeure tel qu'il est et n'est plus décomposé par de nouvelles réfractions.

Parmi les couleurs visibles dans le spectre, la moins réfrangible est le rouge, la plus réfrangible est le violet. Depuis Newton, on a démontré qu'au delà du violet et du rouge

---

(1) *Spectrum*, image.

existent beaucoup de rayons, dont les uns peuvent être rendus visibles à l'aide de certains artifices, et les autres se manifestent par certaines propriétés, sans affecter la vue.

63. Expériences diverses de décomposition.— On varie l'expérience du spectre solaire, en opérant avec des prismes de même nature et d'angle différent, avec des prismes incolores de différente nature ; on substitue à la lumière du soleil d'autres lumières blanches, par exemple la lumière électrique, la lumière du magnésium, celle de la lampe oxhydrique. On retrouve toujours les mêmes couleurs, disposées dans le même ordre. Le spectre est plus ou moins étalé suivant l'angle et la nature du prisme. On a un très beau spectre avec un prisme de flint ayant un angle de 60°.

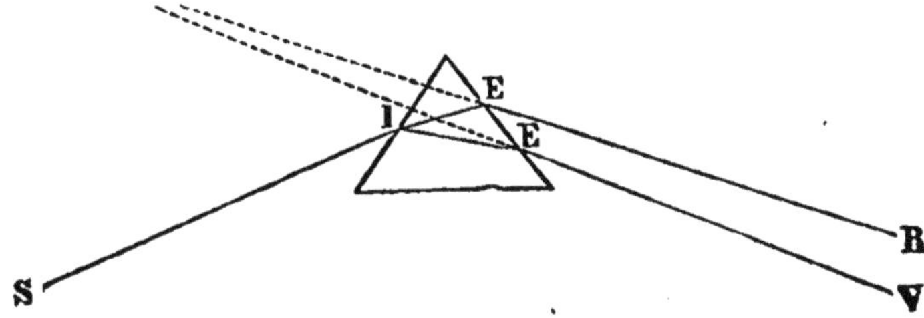

Fig. 80. — Coloration d'un objet blanc vu à travers un prisme.

On retourne en quelque sorte l'expérience, en regardant à travers un spectre un objet blanc suffisamment éclairé, par exemple un fil blanc placé sur un carton noir parallèlement aux arêtes du prisme. S étant un point de ce fil, et SI un rayon blanc incident (*fig.* 80) le rayon si délié, qu'on l'imagine, se décompose déjà dans le prisme de I en E, et il se disperse encore à l'émergence, de sorte que ER soit la direction du rayon rouge, EV la direction du rayon violet. L'œil placé en RV et regardant vers le prisme voit le point S relevé vers le sommet (39), et de plus il le voit rouge dans la direction RE prolongée, violet dans la direction VE, etc. En somme, le fil se montre comme un spectre offrant en sens inverse les mêmes couleurs que le spectre solaire.

64. Réfrangibilité propre à chacun des rayons colorés. — Supposons qu'un rayon de soleil tombe sur un prisme horizontal, qu'on reçoive le spectre sur un écran percé de sept ouvertures, tellement disposées les unes au-dessus des autres, que chacune d'elles laisse passer une des couleurs du spectre ; qu'on reçoive les sept faisceaux sur un second prisme vertical : on retrouve ces mêmes faisceaux derrière ce second prisme, avec les mêmes couleurs, mais inégalement déviés dans le sens horizontal.

En supprimant l'écran percé, on peut disposer deux prismes égaux l'un derrière l'autre, l'un horizontal et l'autre vertical, et s'arranger de façon qu'une partie du faisceau

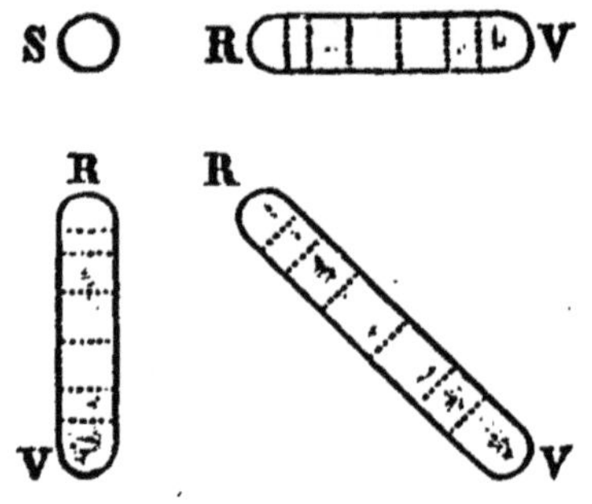

Fig. 81. — Prismes croisés.

solaire traverse seulement le premier prisme, une autre partie seulement le second, une troisième l'un et l'autre : en ménageant en outre une quatrième partie qui passe dans l'angle resté vide entre les deux prismes, on observe sur l'écran un cercle lumineux blanc S correspondant aux rayons incidents non réfractés, un spectre vertical, un spectre horizontal, et un spectre à 45° des deux autres (*fig.* 81) : c'est l'expérience des prismes croisés.

65. Simplicité de chacun des rayons.— Par les expériences précédentes ou, par toute autre qu'on peut faire, en recevant sur un second prisme un faisceau coloré qu'on aura isolé dans un spectre produit par un premier prisme, on constate qu'à l'émergence du second le faisceau conserve sa couleur et ne s'étale pas. L'expérience est d'ailleurs d'autant plus rigoureuse, que le faisceau est plus mince, car, à vrai dire, les couleurs ne sont simples chacune qu'en chaque point du spectre.

66. Épuration du spectre. — Un gros faisceau de rayons solaires reçu et transmis par un prisme produit un spectre très brillant, mais dans lequel les couleurs sont peu accentuées : elles sont lavées de blanc, surtout dans le milieu de l'image. De même, lorsqu'on regarde à travers le prisme non plus un fil, mais une bandelette de papier, parallèle aux arêtes, l'image parait assez nettement colorée de rouge et de violet sur les deux bords, mais elle est blanche au milieu. Il faut concevoir en effet que le faisceau blanc incident est la superposition de faisceaux colorés de même dimension et que chacun de ces faisceaux colorés est dévié par le prisme en un faisceau cylindrique qui, s'il était seul, marquerait sur un écran perpendiculaire à sa direction une image circulaire. Or ces images colorées empiètent les unes sur les autres du rouge au violet, d'autant plus qu'elles sont plus larges. Aux deux extrémités du spectre, la première et la dernière couleur sont pures ; mais à quelque distance des bords elles sont recouvertes successivement par les autres couleurs ; si bien que, dans la partie moyenne du spectre, si les faisceaux sont de grosses dimensions, toutes les couleurs sont superposées et produisent du blanc.

Pour obtenir un spectre dont les couleurs soient aussi séparées que possible, il faut donc avant tout limiter le faisceau incident par une fente étroite, parallèle aux arêtes du prisme.

Supposons qu'il s'agisse du spectre solaire : on reçoit les rayons transmis par la fente sur une lentille achromatique convergente à long foyer, qu'on place à une distance de la fente égale au double de sa distance focale. Derrière la lentille, on dispose le prisme, que l'on fait tourner dans un sens et dans l'autre, jusqu'à une position telle que le faisceau émergent est moins dévié par rapport au faisceau incident que pour toute autre position. C'est ce qu'on appelle la position de la déviation minimum. On obtient alors une image très nette de la fente sur un écran tendu à la même distance de la lentille qui sépare celle-ci de la fente (46, *fig.* 61 n° 3). Et cette image est un spectre très pur. Le meilleur signe de cette pureté est l'apparition des *raies noires* du spectre, dont nous parlerons ci-après (73).

67. Recomposition de la lumière blanche. — Après avoir décomposé la lumière blanche, Newton a fait de nombreuses expériences pour la reconstituer par la réunion des couleurs du spectre : elles confirment toutes la manière de voir admise d'après les expériences de décomposition (62).

Derrière un premier prisme qui reçoit les rayons du so-

Fig. 82. — Recomposition de la lumière blanche par un second prisme

leil, on en dispose un second de même nature et de même angle, de façon qu'ils aient leurs arêtes parallèles, mais le sommet tourné en sens opposé (*fig.* 82). Le second prisme produisant sur chacun des rayons colorés une déviation égale et contraire à celle qu'avait produit le premier, ramène tous les rayons à une direction commune, parallèle au faisceau incident, et le faisceau émergent coupé par un écran y marque une empreinte blanche. — On emploie aussi, au lieu des deux prismes, une auge rectangulaire formée par des lames de verre et divisée en deux prismes par une lame diagonale. On remplit d'eau l'un des compartiments et les rayons du soleil le traversent en se colorant; le faisceau redevient blanc, si l'on remplit d'eau la seconde moitié de l'auge : l'appareil représente deux prismes d'eau opposés.

On fait tomber le faisceau solaire dispersé par un prisme sur une large lentille convergente (*fig.* 83), le faisceau est coloré entre la lentille et le foyer ; il est coloré aussi, en sens inverse, au delà du foyer. Mais au foyer même F, c'est-

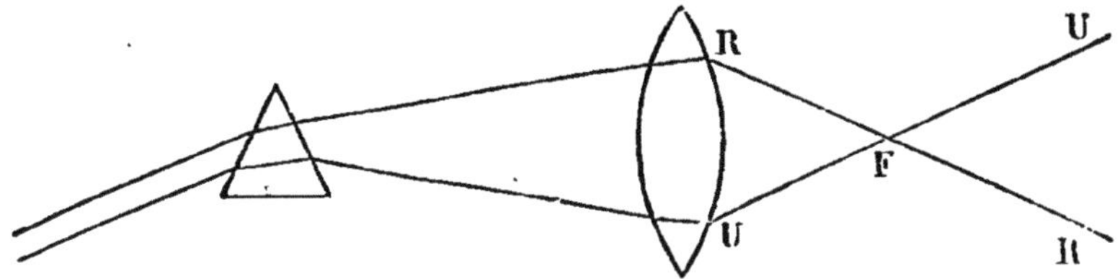

Fig. 83. — Recomposition de la lumière blanche par une lentille.

à-dire à l'endroit où tous les rayons se croisent, on obtient sur un écran une image blanche.

On se sert encore d'un appareil composé de sept petits miroirs plans mobiles (*fig.* 84), et espacés de telle sorte qu'on

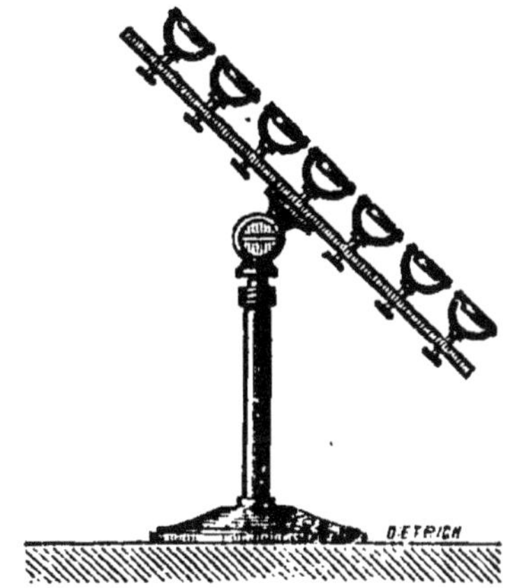

Fig. 84. — Appareil des sept miroirs.

puisse faire tomber sur chacun d'eux une des couleurs du spectre : on oriente ces miroirs de manière à diriger les faisceaux réfléchis sur le même point d'un écran : à ce point, l'image est blanche.

Enfin le disque de Newton (1) permet de superposer non

---

(1) Ou plutôt du physicien hollandais Mussenbroeck, 1762.

pas des images colorées sur un écran, mais les impressions qu'elles produisent dans l'œil. On a peint sur un disque de carton une série de spectres en forme de secteur, et on le fait tourner rapidement, (*fig.* 85). Si les nuances et les di-

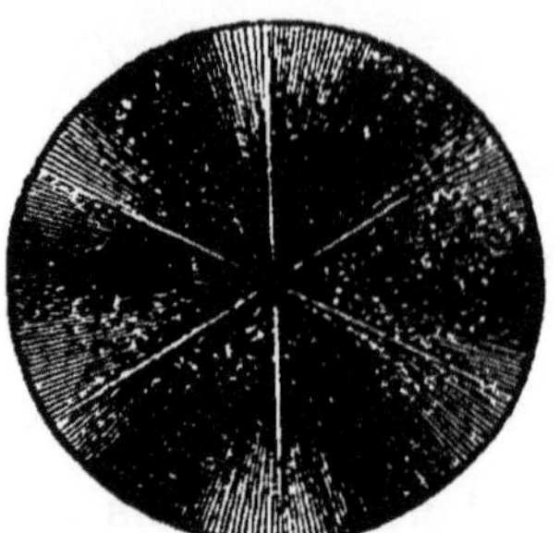

Fig. 85. — Disque tournant.

mensions relatives des couleurs sont suffisamment conformes à celles du spectre solaire, le disque paraît à peu près blanc. Par suite de la persistance des impressions sur l'œil, chacun des secteurs est vu sur toute l'étendue du disque tournant : l'œil voit donc simultanément autant de cercles colorés qu'il y a de couleurs dans les spectres, et la coïncidence de ces impressions produit la sensation du blanc.

CHAPITRE VIII.

COULEURS COMPLÉMENTAIRES.

68. Couleurs des flammes. — Dans les corps, les couleurs se manifestent de diverses façons, que nous allons passer en revue. Mentionnons d'abord les sources de lumières colorées, les flammes colorées. Si l'on regarde à travers un prisme une fente éclairée par une de ces flammes, on observe un spectre où les couleurs n'ont pas les mêmes proportions d'éclat que dans le spectre solaire. La couleur de la flamme est celle qui domine dans son image. On se procure une flamme *monochromatique*, dont la couleur est à peu près exclusivement jaune, au moyen d'une lampe à alcool dont la mèche a été préalablement trempée dans une dissolution de sel marin et séchée.

69. Couleurs des corps transparents. — La lumière transmise par les corps transparents ou translucides (8) n'est pas toujours semblable à la lumière incidente. Par exemple, les verres colorés exposés à la lumière blanche transmettent une lumière dont la couleur est précisément celle qu'on attribue au verre. Qu'on place un verre rouge sur la fente du volet d'une chambre obscure, et qu'on reçoive les rayons du soleil transmis par ce verre sur une lentille, un prisme et un écran (66), on aura une image réduite à une bande rouge, ou composée d'une bande rouge fortement accusée et d'autres couleurs plus ou moins faibles. Un verre vert donnera beaucoup de vert, peut-être un peu de bleu et de jaune ; avec une couche d'un liquide bleu, on aurait principalement du bleu, de l'indigo et du violet. Il faut en conclure que ces milieux arrêtent soit par diffusion extérieure ou intérieure, soit par extinction (9), une partie de la lumière blanche et laissent passer telle couleur de préférence à telle autre.

70. Couleurs des corps opaques. — Une bande mince de papier coloré vue à travers un prisme montre une image où la couleur de l'objet domine, avec des traces plus ou moins apparentes des autres couleurs. La diffusion qui s'opère à la surface des corps opaques ne porte donc pas également sur tous les rayons de la lumière blanche. Une partie de ces rayons est éteinte, l'autre est diffusée. On arrive à la même conclusion, en recevant le spectre solaire, dans une chambre obscure, sur une feuille de papier ou sur une bande d'étoffe colorée : la surface du papier ou de l'étoffe est vivement éclairée dans les parties du spectre dont elle reproduit au jour les couleurs; elle paraît terne et obscure dans les autres parties. Une étoffe noire serait à peu près invisible dans toute l'étendue du spectre, aussi bien que dans un faisceau de lumière blanche.

71. Couleurs accidentelles. — Lorsqu'on a regardé fixement pendant quelques secondes un morceau de papier coloré, placé sur un fond d'étoffe noire et exposé au soleil ou à la clarté d'un jour assez vif, on s'aperçoit qu'une image de même forme que le papier, mais d'une autre couleur, prend naissance dans les yeux ; si peu qu'on détourne le regard, on voit cette image se détacher du papier et se porter sur le fond ; en fermant les yeux et en les couvrant d'un bandeau on retrouve l'image ; elle se montre encore, si on ouvre de nouveau les yeux en les tournant vers une surface blanche, comme le plafond. Ces images supposent un état particulier de l'organe visuel, qui est provoqué par l'impression de la couleur de l'objet, mais qui n'est point expliqué : on les appelle des *images* *accidentelles*. Un papier *rouge* donne une image accidentelle *verte* ; un papier *orangé*, une image *bleue* ; un papier *violet*, une image *jaune*. La nuance de l'image varie d'ailleurs à l'infini avec celle de l'objet.

72. Couleurs complémentaires. — La couleur d'un objet et celle de son image accidentelle sont des couleurs complémentaires. On appelle ainsi deux couleurs dont le mélange produit du blanc. On peut toujours emprunter à un spectre deux couleurs telles que, si on les projette au moyen d'une lentille ou d'un miroir, sur le même point d'un écran, on obtient, en ce point, une image blanche : ces deux couleurs sont complémentaires. On ne réussit guère à produire du blanc par le mélange de deux poudres, non plus que par le mélange de six ou sept substances rappelant les couleurs du spectre, parce que ces couleurs artificielles ne sont jamais celles de la lumière solaire. Cependant les peintres savent fort bien se procurer du gris en mêlant ensemble deux couleurs plus ou moins complémentaires, qui, étant isolées, ont chacune beaucoup d'éclat. Dans l'expérience des couleurs accidentelles, la coïncidence de l'image avec l'objet lui-même a pour effet de faire paraître la couleur de l'objet de plus en plus terne à mesure qu'on le regarde plus longtemps.

CHAPITRE VIII *bis.*

PHOTOMÉTRIE. — ARC-EN-CIEL (1).

72 bis. Photomètre de Rumford. — Photométrie signifie mesure de la lumière. Le photomètre de Rumford se compose d'une feuille de papier verticale et d'une baguette

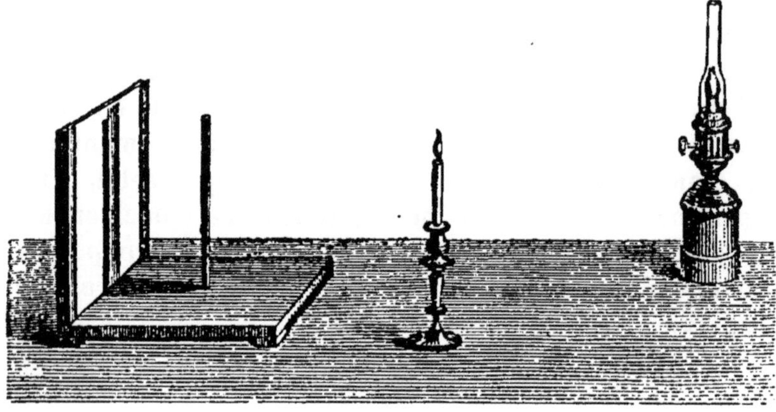

Fig. 85 *a*. — Photomètre.

noire, également verticale, dressée devant le papier à une petite distance. Une source de lumière placée plus loin devant l'écran y fait naître l'ombre de la baguette. Avec deux sources, suffisamment rapprochées l'une de l'autre dans le sens latéral, on a deux ombres parallèles, qu'on peut amener à se toucher sans empiéter l'une sur l'autre. On les regarde

(1) Programme des écoles normales d'instituteurs.

par transparence derrière l'écran. La plus sombre est du même côté de la baguette que la source qui envoie le moins de lumière à l'écran, mais elle est formée par la source la plus intense. Si les deux ombres ont la même apparence, c'est que chacune des moitiés de l'écran reçoit la même quantité de lumière. On se sert toujours du photomètre dans cette condition d'égalité.

Ce photomètre nous permettra de vérifier expérimentalement la loi de la raison inverse du carré de la distance que nous avons énoncée et expliquée au n° 3. A cet effet, plaçons une bougie devant le photomètre à une distance convenable pour que l'ombre soit bien marquée. A une distance 2 fois plus grande de l'écran, plaçons un paquet de quatre bougies égales. Nous remarquons que les deux ombres ont sensiblement le même aspect. De là nous conclurons qu'une même portion de l'écran reçoit la même quantité de lumière des quatre bougies à la distance 2 que d'une bougie à la distance 1; et que par conséquent la lumière envoyée de la distance 2 à l'écran par une bougie est 4 fois plus petite que la lumière envoyée de la distance 1. De même neuf bougies produiraient le même effet à la distance 3 qu'une bougie à la distance 1, c'est-à-dire que la lumière s'affaiblit dans le rapport de 9 à 1 quand la distance augmente dans le rapport de 1 à 3. Et ainsi de suite.

La loi une fois admise sert de fondement à la comparaison ou à la mesure des intensités lumineuses. Soit une bougie devant le photomètre à la distance 1; et soit une lampe dont nous voulons comparer l'intensité à celle de la bougie. Nous la plaçons plus loin et nous cherchons par tâtonnement à quelle distance il faut la mettre pour que les deux ombres aient le même aspect. Supposons que cette distance est 2. Puisque la lumière de la lampe est affaiblie, d'après la loi, dans le rapport de 4 à 1 quand la distance varie de 1 à 2, la lampe qui produit à la distance 2 le même effet que la bougie à la distance 1, enverrait à la distance 1 une quantité de lumière 4 fois plus grande: Ce qu'on exprime en disant que l'intensité de la lampe est quatre fois plus grande que celle de la bougie, ou que la lampe vaut quatre bougies. En général, les sources éprouvées au photomètre comme on vient de le dire ont des intensités proportionnelles aux carrés des distances observées.

Ce mode de comparaison présente quelque incertitude lorsque les deux lumières n'ont pas la même teinte. Il y a d'autres photomètres; aucun n'écarte complètement cette difficulté.

En France, on a choisi pour unité des intensités lumineuses la flamme de la lampe carcel brûlant 42 grammes d'huile à l'heure. Elle est très constante. En Angleterre, on fait usage couramment de *candle*, bougie au blanc de baleine et pesant 75^{gr},5 : une carcel vaut 9,6 *candles*.

72 ter. Arc-en-ciel ; halo. — Les couleurs qui se montrent dans des éclats de verre exposés au soleil, dans

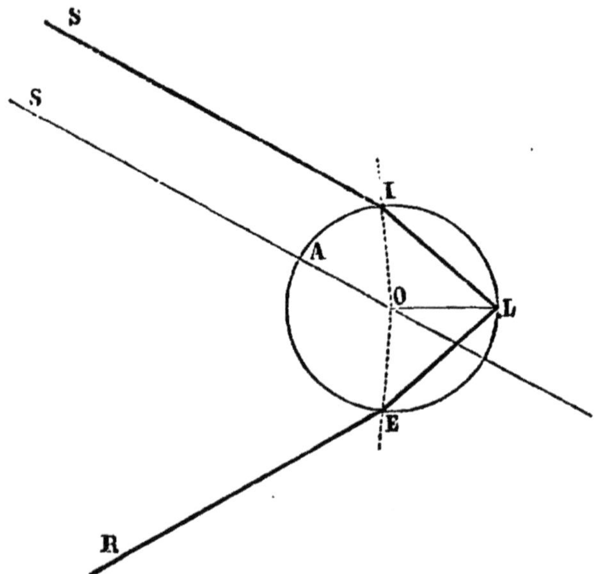

Fig. 85 *b*. — Rayon une fois réfléchi dans une goutte d'eau.

les gouttes de rosée, dans l'eau éparpillée d'un jet d'eau, dans l'arc-en-ciel, dans les halos sont des effets directs de la dispersion.

On voit l'arc-en-ciel dans les nuages qui se résolvent en gouttes de pluie, à la condition d'avoir le dos tourné au soleil. Les rayons du soleil tombent sur les gouttes d'eau; les uns s'y réfléchissent extérieurement; les autres y pénètrent et les traversent; d'autres enfin y pénètrent et se réfléchissent à la partie postérieure de la surface. Ces dernières reviennent donc vers la surface antérieure et sortent de la goutte en se dirigeant du côté de l'observateur. Comme ils ont passé à l'entrée et à la sortie, par des portions de surface non parallèles, ils sont dans le même cas que s'ils

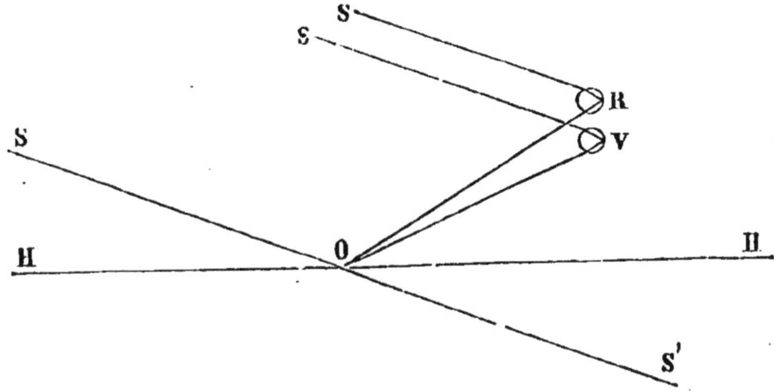

Fig. 85 c. — Arc-en-ciel.

avaient passé par un prisme; ils sont colorés, et l'observateur voit dans des directions un peu différentes le rouge, le jaune, le violet. Dans la figure 85 *b*, le rayon SAO, dirigé suivant la normale AO de la goutte, n'éprouve pas de déviation; mais le rayon SI, se réfracte en I, se réfléchit en L, se réfracte en E et émerge suivant ER.

Tandis que la plupart des rayons émergents s'écartent les uns des autres et font peu d'impression sur l'œil de l'observateur, on démontre, en appliquant les lois de la réfraction à la marche des rayons dans la goutte, qu'il existe une direction suivant laquelle les rayons émergents sont sensiblement parallèles et par suite *efficaces* pour la vision. Cette direction varie un peu avec la couleur des rayons. Pour les rayons rouges elle fait un angle de 42° 1′ avec la direction des rayons incidents ou avec la droite qui joint l'œil de l'observateur avec le point du soleil d'où ils émanent, par exemple, avec le centre. L'angle est seulement de 40° 17′ pour les rayons violets. L'œil étant en O (*fig.* 85 *c*), et SOS′ étant la droite qui passe par l'œil et le soleil S, on verra du rouge si l'on regarde suivant la droite OR qui fait avec OS′ un angle de 42° 1′, et du violet suivant la droite OV faisant avec OS′ un angle de 40° 17′. Toutes les gouttes d'eau situées sur un cône ayant SS′ pour axe et OR pour génératrice envoient au point O des rayons rouges : l'observateur voit donc un cercle rouge centré sur l'axe SS′.

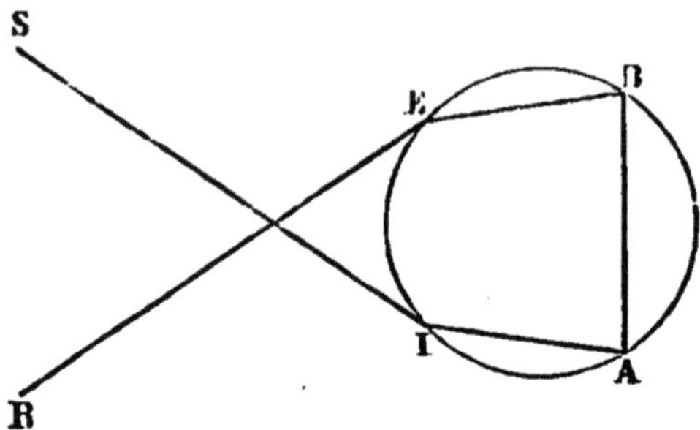

Fig. 85 *d*. — Rayon deux fois réfléchi dans une goutte d'eau.

Il voit du violet sur un cône qui a pour génératrice OV et par suite un cercle violet intérieur au cercle rouge. Les autres couleurs se trouvent sur des cercles intermédiaires.

Comme le soleil à un diamètre apparent de 30 minutes, la droite SOS′ n'est pas la même pour le centre et pour les deux bords supérieurs et inférieurs : chaque couleur forme donc une bande circulaire ayant une largeur apparente de 30 minutes. Les bandes empiétant les unes sur les autres, le rouge et le violet sont les seules couleurs bien nettes aux deux bords de la bande totale qui constitue l'arc-en-ciel.

En dehors de l'arc-en-ciel qui a le rouge en dehors et le violet en dedans, on en voit souvent un second, d'un plus grand diamètre, qui a le rouge en dedans et le violet en dehors. Les angles du rayon émergents avec la droite SOS sont de 50° 59′ pour le rouge et de 54° 9′ pour le violet. Cet arc extérieur est formé par des faisceaux de rayons qui ont subi deux réflexions intérieures dans les gouttes d'eau, suivant la marche SIABER (*fig.* 85 *d*). A cause de ces deux réflexions, le second arc est plus faible que le premier et n'est pas toujours visible. Sans cet affaiblissement, trois réflexions donneraient un troisième arc, etc.

Pour que le premier arc-en-ciel soit visible dans un nuage, il faut que les directions OV, OR (*fig.* 85 *c*) soient au-dessus de l'horizon HOH′ : or ces directions, qui font avec OS′ un angle d'environ 41°, raseraient l'horizon, si OS′ était abaissé de 41° au-dessous de OH′, c'est-à-dire si la hauteur HOS du soleil au-dessus de l'horizon était de 41°. Pour cette hauteur du soleil ou pour une plus grande, le premier arc n'existe pas. L'arc extérieur cesse lui-même d'être visible pour une hauteur d'environ 52°.

Un *halo* est le plus ordinairement un cercle coloré qui se montre autour du soleil, le rouge en dedans, le violet en dehors, à l'inverse de l'arc-en-ciel intérieur. La grandeur apparente du rayon de ce cercle est d'environ 22°. Quelquefois on voit, en outre, un cercle beaucoup plus grand dont le rayon est de 46° et qui a aussi le rouge en dedans ; il s'ajoute encore à ces deux cercles des arcs supplémentaires. Le phénomène se complique aussi par l'apparition du *cercle parhélique*, qui est une bande horizontale, passan par le soleil et blanche; par celle des *parhélies*, qui sont des images rondes du soleil situées à l'intersection de ce cercle et du premier halo, et de *l'anthélie*, qui est une image située sur le même cercle à l'opposé du soleil. Des considérations géométriques ou des calculs permettent de rapporter toutes ces apparences aux réflexions et aux réfractions produites par des aiguilles de glace qui flottent souvent dans l'atmosphère et qui, en se rassemblant, composent les cirrus.

Le cercle coloré, rougeâtre en dehors, qu'on voit autour de la lune, quand le ciel est plus ou moins brumeux, est ce qu'on appelle une *couronne*. La coloration y est produite tout autrement que par la réfraction : elle se rapporte à un phénomène connu sous le nom de diffraction, qui est produit par le passage de la lumière dans un milieu semé de très petits corps opaques : les corpuscules sont ici les globules provenant de la condensation de la vapeur.

Les effets de coloration qui accompagnent le *crépuscule* ne sont pas non plus des effets prismatiques : les couleurs se produisent par voie de réflexion, de diffusion et de transmission dans l'air. Le crépuscule est la lumière que le soleil envoie à la terre par l'entremise de l'atmosphère, après qu'il a dépassé l'horizon à son coucher, ou avant qu'il l'ait atteint à son lever. Le soleil est à 6° ou 18° au-dessous de l'horizon quand le crépuscule du soir finit ou quand l'aurore commence. Il dure d'autant moins que l'air est moins chargé de vapeur. Dans des climats où l'air est très sec, il arrive que la nuit succède brusquement au jour.

CHAPITRE IX.

SPECTRE SOLAIRE. — SPECTRES DES DIVERSES SOURCES LUMINEUSES.

73. Raies noires du spectre solaire. — Si nous revenons au spectre solaire dont il a été déjà question si souvent dans ce qui précède depuis le numéro 60, c'est pour étudier les raies noires que nous avons annoncées au numéro 66. En disposant comme nous l'avons dit, sur le trajet des rayons du soleil, une fente verticale d'environ 1 millimètre de largeur, une lentille convergente à long foyer, un prisme de flint de 60°, à arêtes verticales, ayant la position de la déviation minimum, et un écran de papier blanc, on aperçoit, dans les différentes couleurs du spectre, quarante ou cinquante lignes verticales noires, toutes très fines les unes plus, les autres moins.

Une autre disposition permet de voir des raies plus nombreuses. Le faisceau de rayons solaires limité par la fente tombe sur le prisme et de là sur l'objectif d'une lunette. On reçoit le faisceau dans l'œil à travers l'oculaire. Frauenhofer qui a inauguré ce genre d'observations, distinguait ainsi environ 600 raies. A son exemple, on désigne les plus apparentes par les premières lettres de l'alphabet, savoir : la raie A, près du rouge extrême ; la raie B, dans le rouge ; la raie C, vers la limite du rouge et de l'orangé ; la raie D, entre l'orangé et le jaune ; la raie E, entre le jaune et le vert ; la raie F, dans le vert ; la raie G, entre le bleu et l'indigo ; la raie H, dans le violet (*fig.* 86). On doit noter encore une raie *a*, groupe de lignes très fines placé dans le rouge entre A et B, et un groupe *b* placé dans le vert, non loin de E.

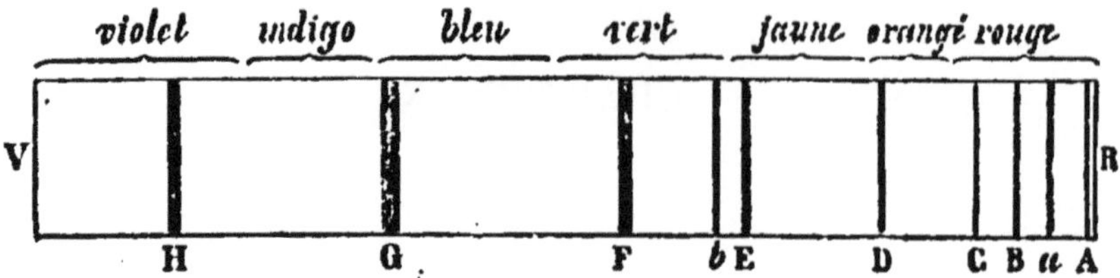

Fig. 86. — Raies du spectre solaire.

Au moyen des *spectroscopes*, on distingue aujourd'hui plus de 4,000 raies. Plusieurs de celles qui semblaient simples ont été dédoublées en plusieurs lignes. On en voit en dehors de la raie A dans un prolongement du rouge extrême que

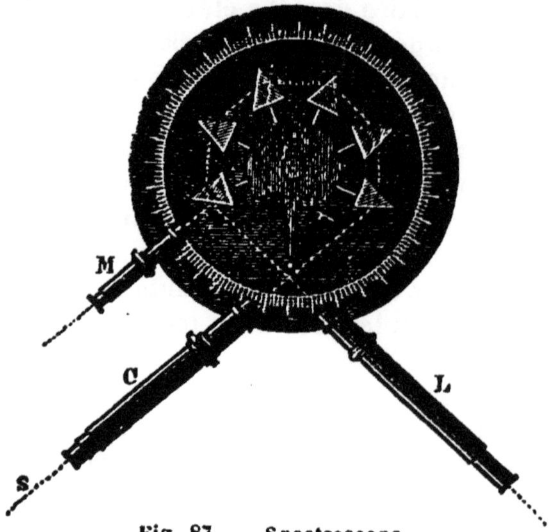

Fig. 87. — Spectroscope.

l'on constate en se mettant rigoureusement à l'abri de toute lumière extérieure ; et en dehors du violet, dans un espace de couleur gris lavande qui s'étend fort loin.

74. Spectroscope. Un spectroscope (*fig.* 87) comprend

un *collimateur* C, un système de prismes P, une lunette L et un micromètre M, le tout porté par un plateau horizontal et par un pied. Le collimateur est un tube présentant du côté de la source lumineuse S une fente, qu'on peut réduire à une fraction de millimètre et qu'on éclaire avec les rayons du soleil, ou avec la lumière du jour, ou avec une lampe, et à l'autre bout, une lentille convergente, dont le foyer principal coïncide avec la fente, de telle sorte que la fente devient l'objet lumineux et que les rayons sortent de la lentille parallèlement à l'axe du collimateur. Le prisme, s'il n'y en a qu'un, est placé au centre du plateau, entre le collimateur et la lunette; s'il y en a plusieurs, ils sont disposés de façon que le rayon passe de l'un à l'autre, et soit ainsi de plus en plus dispersé ; les prismes ont leurs arêtes verticales. La lunette dirigée vers le dernier prisme peut tourner autour du centre du plateau, de manière à recevoir successivement les différentes parties du spectre, qui est considérablement étalé. L'objectif qui, sans les prismes, recevrait des rayons parallèles émanés primitivement de la fente et ferait à son foyer principal une image de cette fente (94), y fait apparaître l'image de la partie du spectre qu'il reçoit, avec sa couleur et ses raies. Le micromètre est une lame de verre enfumé, sur laquelle on a tracé une série de lignes verticales transparentes; il est placé à l'extrémité extérieure d'un tube, au foyer principal d'une lentille porté par l'autre extrémité du tube. Le micromètre est éclairé par une bougie ; les rayons sont rendus parallèles par la lentille, et ils vont tomber obliquement sur la face antérieure du dernier prisme, qui les renvoie par réflexion à l'objectif de la lunette. L'oculaire fait donc voir à la fois l'image du spectre et l'image du micromètre : on peut ainsi rapporter les raies aux traits de celui-ci, et les dessiner ensuite sur le papier à une échelle déterminé.

75. Raies brillantes des flammes. — En éclairant la fente du spectroscope par des flammes colorées, on observe des spectres différents les uns des autres par l'éclat relatif des couleurs (68). Ces spectres présentent, non pas des raies noires, mais des raies brillantes. Quelquefois les couleurs se réduisent presque à quelques-unes de ces raies séparées par de larges espaces plus ou moins obscurs. La flamme monochromatique de l'alcool salé a pour tout spectre une raie jaune, ayant la couleur du spectre solaire au voisinage de la raie D. Le spectre d'une flamme colorée en violet par un sel de potasse est caractérisé par des raies rouges et une raie violette; pour une flamme colorée en rouge par les sels de strontiane, les raies les plus brillantes sont rouges. Chacun des corps simples imprime au spectre des flammes un système de raies particulier.

En faisant entrer dans le spectroscope, suivant l'axe du collimateur, simultanément les rayons émanés d'une flamme colorée et les rayons du soleil, on peut observer les deux spectres, et voir à la fois les raies brillantes de la flamme et les raies noires du spectre solaire : il suffit que les unes correspondent à une partie de la longueur de la fente et les autres à une autre partie. Alors on reconnaît que les raies brillantes se montrent le long du spectre aux mêmes points que les raies noires. Cette observation capitale a été le point de départ d'un grand nombre de découvertes.

76. Renversement des raies brillantes. — On regarde à travers un spectroscope le point brillant d'une lampe Drummond, c'est-à-dire un bâton de chaux chauffé au rouge blanc par un mélange enflammé de gaz d'éclairage et d'oxygène: on voit un spectre continu, sans raie obscure ni raie brillante. C'est le cas de toutes les substances incandescentes solides ou liquides. Entre la lampe et la fente du spectroscope, on place une flamme d'alcool salé; on voit alors dans le jaune du spectre de la chaux une raie obscure; et si l'on éteint la lampe Drummond on retrouve dans la même position la raie brillante jaune du sodium. On en conclut que la vapeur du chlorure de sodium absorbe dans la lumière Drummond les mêmes rayons jaunes qu'elle est elle-même capable d'émettre. La lumière Drummond étant plus intense que la flamme de l'alcool, la perte éprouvée par l'une n'est pas compensée par le rayonnement de l'autre ; et la raie obscure qui se montre par cette raison est comme le renversement de la raie brillante du sel marin.

77. Explication des raies obscures du spectre solaire. — L'expérience précédente permet d'expliquer les raies obscures du spectre solaire, si l'on y ajoute la découverte des raies brillantes dans le spectre des parties les plus extérieures du soleil. Ces raies brillantes annoncent l'existence d'une atmosphère lumineuse contenant des gaz, particulièrement l'hydrogène et des vapeurs métalliques. En dedans de cette atmosphère se trouve une surface beaucoup plus éclatante, celle par où le disque du soleil se montre à nos yeux, dont le rayonnement fournirait, s'il ne traversait pas l'atmosphère, un spectre continu ou marqué de raies brillantes. Mais l'atmosphère absorbe les rayons de même réfrangibilité que ceux qu'elle émet pour son compte : de là des raies obscures correspondant aux raies brillantes qui caractérisent la lumière de l'atmosphère. Comme les raies obscures sont plus faciles à observer que les raies brillantes, on s'en sert habituellement pour déterminer au moyen du spectroscope les substances qui existent en vapeur lumineuse dans l'atmosphère et par conséquent dans la masse du soleil. On y a découvert, outre l'hydrogène, un grand nombre des métaux que nous connaissons à la surface de la terre.

Des observations analogues faites sur les étoiles, les nébuleuses, les comètes, ont appris que plusieurs des corps simples de la chimie existent dans tous ces astres.

78. Découverte de métaux. — La méthode spectrale a amené en outre la découverte récente de plusieurs métaux nouveaux. En soumettant à l'épreuve de la flamme d'alcool et du spectroscope les résidus de certaines opérations métallurgiques ou industrielles, on a vu apparaître dans le spectre des raies brillantes qu'il était impossible, vu leur position, d'attribuer à l'un des métaux connus. La présence d'un nouveau métal se trouvait par là signalée, grâce à la sensibilité excessive de ce procédé, capable d'accuser la moindre trace de substance. On a recours alors à des réactions chimiques plus ou moins compliquées pour arriver à isoler le métal. On a découvert ainsi le *rubidium*, le *cœsium*, le *thallium*, l'*indium*, le *gallium*.

CHAPITRE X

CHALEUR RAYONNANTE.

79. Définition. — La chaleur se propage par rayonnement lorsqu'elle va d'un point à un autre sans échauffer le milieu qu'elle traverse. Le rayonnement est donc différent de la conductibilité qui a été étudiée dans le cours de troisième. Cette définition est facile à confirmer par expérience sur les gaz, les liquides et les solides. On peut agiter l'air entre un foyer et soi-même, de façon qu'il ne s'échauffe pas, et l'on n'en ressent pas moins l'impression de la chaleur. On a fait couler une nappe d'eau entre un boulet rouge et un thermomètre et la chaleur a passé de l'un à l'autre, sans que l'eau ait eu le temps de s'échauffer elle-même. Une lame de glace exposée au soleil reste à la température de 0°, et transmet cependant assez de chaleur pour faire impression à la main ou sur le thermomètre.

La chaleur, comme la lumière, se propage à travers le vide, témoin la chaleur du soleil qui traverse les espaces célestes. Un thermomètre placé dans le vide des machines pneumatiques ou dans le vide d'un baromètre est affecté par un foyer extérieur.

80. Circonstances analogues de la propagation pour la chaleur et pour la lumière. — Tout ce que nous avons dit aux numéros 3 et 4 sur la propagation de la lumière à partir d'un foyer, sur le décroissement de l'intensité avec la distance, sur la propagation en ligne droite et sur les rayons s'applique à la chaleur rayonnante. Nous ferons bientôt connaître le thermomètre avec lequel on peut suivre la direction d'un rayon de chaleur, comme on suit celle d'un rayon lumineux avec l'œil ; avec le même instrument on peut comparer les quantités de chaleur reçues par une surface donnée, comme on compare les intensités de la lumière avec un photomètre. On a donc tout ce qu'il faut pour s'assurer par expérience que la chaleur se comporte de la même façon que la lumière.

Lorsque la chaleur émise par un foyer rencontre la surface d'un corps, elle y éprouve les mêmes effets que nous avons décrits aux numéros 8 et 9. Si la substance est *diathermane* comme l'air, l'eau, le verre, la glace, une partie de la chaleur est *transmise* en droite ligne à travers cette substance. Une autre partie est *absorbée* c'est-à-dire s'arrête dans l'intérieur de celle-ci. Négligeons l'effet de diffusion qui doit se produire autour des granulations ou stries, et constatons que la chaleur retenue par la substance, au lieu de s'éteindre comme la lumière, subsiste à l'état de chaleur, élève la température du corps et s'y propage par conductibilité. Un corps qui ne transmet directement aucune partie de la chaleur incidente, comme le noir de fumée, est appelé *athermane*. *Diathermane et athermane* sont les analogues de *diaphane* et *opaque*.

Que le corps soit diathermane ou athermane, une partie de la chaleur incidente, au lieu de pénétrer dans l'intérieur, se réfléchit à la surface ; et il y a lieu de distinguer, comme pour la lumière, la *réflexion régulière* ou réflexion proprement dite, qui suppose une surface polie, et la *diffusion*, qui a lieu sur les surfaces plus ou moins rugueuses. Mais il ne faudrait pas confondre l'effet de diffusion avec la chaleur que le corps peut émettre après l'avoir absorbée.

Dans tous ces phénomènes les lois sont les mêmes pour la chaleur et pour la lumière. Il est facile de le démontrer en ce qui concerne la réflexion et la réfraction.

81. Analogies de la chaleur et de la lumière dans les phénomènes de réflexion et de réfraction. — On dispose en face l'un de l'autre, de manière que leurs axes coïncident, et à une distance d'environ dix mètres, deux miroirs paraboliques de laiton, bien polis (*fig.* 88). Une bougie placée au foyer principal F de l'un de ces miroirs lui envoie des rayons qui, après réflexion, sont parallèles à l'axe (25), tombent sur l'autre miroir, y sont réfléchis de nouveau et forment l'image de la bougie au foyer principal F'. On substitue à la flamme de la bougie une grille contenant des charbons ardents, au petit écran sur lequel on

Fig. 88. — Réflexion de la chaleur.

voyait l'image un morceau d'amadou. Celui-ci prend feu en ce foyer principal du second miroir, mais ne s'enflamme pas dans tout autre point, quand même on le rapprocherait de la grille. C'est la preuve que dans les deux parties de l'expérience les rayons de lumière, puis les rayons de chaleur suivent le même trajet, et que par conséquent les uns et les autres se réfléchissent suivant les mêmes lois à la surface de chacun des miroirs. La même expérience s'applique à la réflexion du son.

Au reste, dans toute expérience de réflexion faite avec les rayons de soleil, on peut s'assurer, au moyen d'un thermomètre ordinaire, que la chaleur se trouve sur le trajet du faisceau lumineux et non à côté.

De même, une lentille convergente concentre au même

point, qui est son foyer principal, à la fois la lumière et la chaleur du soleil. Les rayons de chaleur sont donc transmis par la lentille et réfractés de la même manière que les rayons de chaleur.

Pour aller plus loin dans l'étude de la chaleur rayonnante et surtout pour comparer les corps les uns aux autres sous le rapport des quantités de chaleur qu'ils sont capables, dans des circonstances données, soit d'émettre, soit de transmettre ou d'absorber, soit de réfléchir ou de

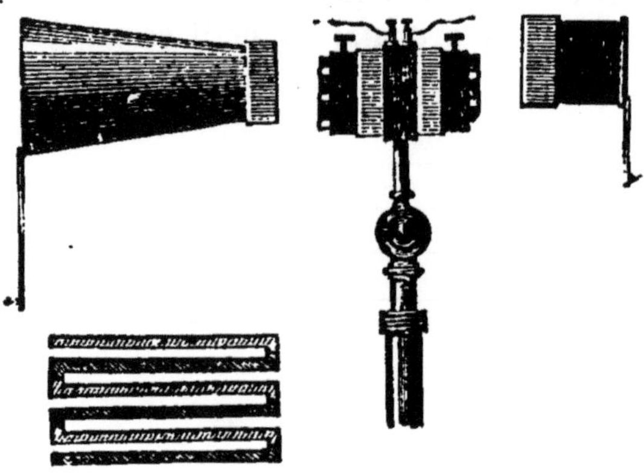

Fig. 89. — Pile de Melloni.

diffuser, il faut faire usage du *thermo-multiplicateur* de Melloni.

82. Thermo-multiplicateur et banc de Melloni. — On compose une pile de forme rectangulaire, et d'environ 1 centimètre carré de base et 2 centimètres de longueur (*fig.* 89) avec une série de petits barreaux de bismuth et d'antimoine, longs comme la pile elle-même, soudés alternativement, et repliés les uns à côté des autres, puis les uns sur les autres sans se toucher ailleurs qu'aux soudures. Il résulte de cet arrangement que toutes les soudures paires se présentent à l'une des faces de la pile, toutes les soudures impaires à l'autre face; les soudures sont enduites d'une légère couche de noir de fumée. Une enveloppe de laiton maintient et couvre la pile. On découvre à volonté l'une ou l'autre des faces. Deux chevilles correspondant au premier élément bismuth et au dernier élément antimoine mettent ces deux extrémités de la pile en communication avec les deux extrémités du fil d'un galvanomètre.

Tant que les deux faces de la pile, c'est-à-dire les deux rangées de soudures sont à la même température, l'aiguille du galvanomètre est au zéro. Pour la moindre différence de température, l'aiguille tourne dans un sens ou dans un autre, selon la face qui est la plus chaude : l'appareil est sensible à la chaleur d'une personne placée devant l'une des faces à la distance de 8 à 10 mètres. L'aiguille tourne, parce qu'une différence de température entre les deux ordres de soudures occasionne un courant électrique, qui parcourt le circuit formé par le fil du galvanomètre et par la pile.

La quantité de chaleur reçue par l'une des faces de la pile est, d'après les principes les plus élémentaires de la calorimétrie (voir le Cours de troisième), proportionnelle à l'élévation de température de cette face, et par conséquent à la différence de température des deux faces, si l'autre est maintenue à une température constante. D'un autre côté, on s'est assuré, avec des piles bismuth et antimoine d'une forme commode pour ce genre d'expériences, que la différence de température entre les soudures est proportionnelle à l'intensité du courant électrique; enfin l'intensité du courant est proportionnelle à la déviation de l'aiguille, tout cela pourvu que la différence de température, l'intensité du courant, la grandeur de la déviation ne dépassent pas certaines limites. La déviation mesure donc la quantité de chaleur reçue par la face de la pile qui est tournée vers la source et qui est découverte.

Pour faire les expériences sur la transmission, la réflexion, on dispose la source, les écrans, la substance, la pile sur une règle horizontale graduée : chacune des pièces es portée sur un pied qui peut glisser le long de la règle ou se fixer. Cet appareil est ce qu'on appelle le *banc de Mel-*

loni (*fig.* 90). La source de chaleur est tantôt une lampe de Locatelli, tantôt une hélice en fil de platine maintenue rouge dans la flamme d'une lampe à alcool, tantôt une lame de cuivre noircie et chauffée par derrière au moyen d'une lampe à alcool, tantôt un tube de laiton plein d'eau qu'on maintient bouillante avec cette lampe cachée à la pile par un écran. On a ainsi des sources de chaleur incandescente et des sources de chaleur obscure.

83. Pouvoirs transmissifs. — On appelle *pouvoir*

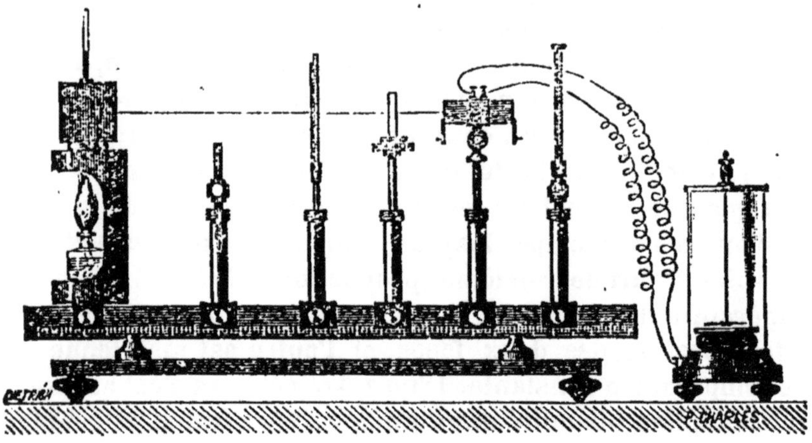

Fig. 90. — Appareil de Melloni.

transmissif d'un corps le rapport de la quantité de chaleur que ce corps laisse passer à la quantité de chaleur incidente. Pour le déterminer, on dispose sur le banc, en droite ligne, la source, un écran plein, un écran percé d'une ouverture, la plaque diathermane sur un support, la pile avec une de ses faces ouverte. On ôte d'abord la plaque, on abaisse l'écran plein, la chaleur de la source agit sur la pile, on note la déviation : elle représente la chaleur incidente ; on rétablit la plaque sur son support, on fait la même manœuvre, on observe une déviation plus petite, qui représente la chaleur transmise. Le rapport de la seconde déviation à la première est le pouvoir transmissif de la plaque. Pour des lames de même épaisseur, Melloni a obtenu les nombres suivants

	Lampe de Locatelli.	Platine incandescent.	Cuivre à 400°	Cube à 100°
Sel gemme.	0,92	0,92	0,92	0,92
Fluorure de calcium.	0,78	0,69	0,42	0,33
Spath d'Islande. . .	0,39	0,28	0,06	0
Verre.	0,39	0,24	0,06	0
Cristal de roche. . .	0,38	0,28	0,06	0
Alun.	0,09	0,02	0	0
Glace.	0,06	0	0	0

On voit par là que la chaleur traverse une même substance dans des proportions différentes selon la source d'où elle émane. On en conclut que la chaleur d'une source donnée est composée de plusieurs espèces de chaleur, comme la lumière blanche ou une lumière colorée comprend des rayons de plusieurs couleurs; que les corps diathermanes sont eux-mêmes analogues aux verres colorés, c'est-à-dire qu'ils sont inégalement perméables aux rayons calorifiques de différentes espèces.

On a reconnu aussi que la chaleur, après avoir traversé une plaque d'une certaine substance, traverse dans une plus grande proportion une plaque égale de même nature. C'est ainsi que la lumière transmise par un verre rouge traverse abondamment, sinon intégralement, un second verre de même couleur.

Aux analogies précédemment signalées entre la chaleur et la lumière, ces expériences ajoutent donc celle de la composition de la chaleur rayonnante et de la *thermochrose* des milieux diathermanes.

Le sel gemme transmet 0,92 de la chaleur incidente, quelle que soit la source ; il transmet la même proportion, quelle que soit l'épaisseur de la plaque ; de plus on s'est assuré que la perte est due à la réflexion qui a lieu à la face d'entrée et aussi à la face de sortie. Le sel gemme est donc par rapport à la chaleur dans le même cas qu'un corps tout à fait transparent et incolore à l'égard de la lumière.

Tyndall a étudié le pouvoir transmissif des gaz, en interposant entre la source et la pile un long tube rempli de gaz ou de vapeur. Les gaz sont loin d'être absolument diathermanes. La vapeur d'eau, en particulier, absorbe une forte proportion de la chaleur émise par un cube d'eau bouillante.

Au reste, la transparence pour la chaleur n'est pas toujours en rapport avec la transparence pour la lumière. Par exemple, une dissolution d'iode dans le sulfure de carbone est complètement opaque pour la lumière, mais non pour la chaleur; car un petit ballon rempli de cette dissolution et exposé au soleil ne laisse passer aucune lumière, tandis qu'il forme derrière lui un foyer de chaleur où l'on peut enflammer une allumette. Inversement, la glace qui transmet une partie de la chaleur solaire, cesse d'être perméable, en dépit de sa grande transparence pour la lumière, aux rayons de chaleur qui lui viennent du platine incandescent et à plus forte raison des sources de chaleur obscure.

Ce fait que les substances diathermanes transmettent plus facilement la chaleur émanée d'une source lumineuse que la chaleur d'une source de faible température explique l'emploi des serres, des châssis et des cloches dans l'horticulture, La chaleur du soleil traverse les parois du verre; quand elle a échauffé les corps placés sous l'abri, elle est devenue chaleur obscure, et, dès lors, incapable de traverser de nouveau le verre, elle s'accumule dans la serre ou dans la cloche. La vapeur d'eau atmosphérique a un rôle semblable autour de la terre.

84. Pouvoirs absorbants. — Ce qui manque à la chaleur transmise pour égaler la chaleur incidente ne représente pas la chaleur absorbée : car une partie de la chaleur incidente est arrêtée à la surface de la plaque par la réflexion régulière et par la diffusion Nous nous abstiendrons de rappeler ici les expériences qui ont été faites pour tourner les difficultés relatives à la détermination des pouvoirs absorbants.

85. Pouvoirs réflecteurs. — On place la pile non plus sur la règle principale du banc de Melloni, mais sur une règle supplémentaire, pouvant tourner autour du pied du support qui porte la plaque. Les rayons incidents ayant la direction de la grande règle, on donne à la petite règle la direction des rayons réfléchis, et l'on observe les déviations produites au galvanomètre par la chaleur qui revient à la pile, après avoir été réfléchie par différentes plaques. On fait une détermination préalable de la chaleur incidente, en couchant la petite règle sur la grande, et en laissant tomber la chaleur de la source sur la pile sans interposition d'aucune plaque. Le rapport de la chaleur réfléchie à la chaleur incidente exprime le pouvoir réflecteur. MM. de La Provostaye et Desains ont trouvé les nombres suivants :

Argent	0,97	Étain	0,85
Or	0,95	Acier	0,83
Cuivre	0,93	Zinc	0,81
Laiton	0,93	Fer	0,77
Métal des miroirs	0,86		

Les expériences précédentes peuvent être considérées comme une démonstration directe des deux lois de la réflexion de la chaleur, car la pile, portée sur la règle, n'est affectée par la chaleur, que si son axe est compris dans le plan d'incidence et fait avec la normale à la plaque un angle égal à l'angle d'incidence.

86. Diffusion. — On prouve la diffusion par réflexion en présentant la pile dans différentes directions, au moyen de la règle supplémentaire, à un disque de bois recouvert de blanc de céruse. La déviation obtenue ne saurait être attribuée à la chaleur absorbée par le disque, puis émise par lui, car elle a lieu à l'instant même où l'on abaisse l'écran qui masque la pile, et par conséquent avant que le disque ait eu le temps de s'échauffer. De plus, l'effet est beaucoup moindre avec le blanc de céruse qu'avec le noir de fumée dont on a recouvert l'autre face du disque, bien que l'enduit noir soit capable de s'échauffer au moins aussi rapidement que l'enduit blanc.

87. Pouvoirs émissifs. — On a comparé les pouvoirs émissifs de différents corps, en les déposant en couches sur les faces d'un cube où l'on entretient de l'eau bouillante; la partie rayonnante de la face étant limitée par l'ouverture de l'écran, on laisse tomber la chaleur directement sur la pile. On compare toutes les déviations à celles que produit le noir de fumée: le pouvoir émissif d'un corps est donc le rapport de la chaleur émise par ce corps à la chaleur émise par le noir de fumée dans les mêmes circonstances. On a obtenu les nombres suivants :

Noir de fumée	1. 00
Blanc de céruse	1. 00
Colle de poisson	0. 91
Encre de Chine	0. 85
Gomme laque	0. 72
Platine laminé	0. 11
Or en feuilles	0. 04
Argent laminé	0. 03

88. Conclusion. — Comme nous n'avons pas cité, dans les chapitres de l'optique, d'expériences photométriques comparables à celles que nous venons d'indiquer pour la détermination des pouvoirs calorifiques des corps, cette détermination n'ajoute rien à ce que nous savons déjà des analogies de la chaleur et de la lumière. Le fait que la transparence ne coïncide pas toujours entre l'un et l'autre dans la même substance semblerait même au premier abord le contraire d'une analogie. Il n'a cependant pas cette signification, car une chaleur donnée étant composée, comme la lumière, de rayons de plusieurs espèces, il n'est pas étonnant qu'on rencontre entre des rayons de chaleur et des rayons de lumière la diversité de transmission déjà observée entre des rayons lumineux de différentes couleurs. Toutes les lois de la propagation sont les mêmes pour la chaleur et pour la lumière : la notion de l'identité entre l'une et l'autre s'impose donc à l'esprit. Une étude plus approfondie du spectre solaire, qu'il serait oiseux de faire ici, puisque, pour être complète, elle devrait comprendre non seulement les effets calorifiques, mais encore les effets chimiques des rayons du soleil, nous conduirait à constater le fait de la dispersion à l'égard de la chaleur, et la présence de rayons de chaleur obscure bien au delà du rouge du spectre lumineux; nous comprendrions alors que dans les émanations d'un même foyer, tel que le soleil, il existe des rayons, dont la nature intime doit être la même, mais qui possèdent des propriétés variables graduellement avec leur réfrangibilité, les uns agissant sur nos organes à la fois comme chaleur et comme lumière, mais avec des couleurs différentes, les autres comme chaleur seulement, d'autres encore étant propres plus particulièrement aux effets chimiques : tel serait un mouvement de vibration plus ou moins rapide, capable d'ébranler diversement les corps en raison de cette inégale rapidité.

CHAPITRE XI

PHOTOGRAPHIE.

89. Principe de la photographie. — La photographie confirme les considérations générales qui servent de conclusion au chapitre précédent, en ce sens qu'elle est la manifestation la plus éclatante de la dernière propriété des rayons de lumière, à laquelle nous venons de faire allusion : la propriété chimique. La photographie consiste à mettre en présence d'un objet quelconque, lumineux ou simplement éclairé, astre, paysage, monument, modèle vivant, portrait, gravure, manuscrit, une surface enduite d'un composé susceptible d'être altéré par la lumière, de façon que les rayons émis par chaque point de l'objet fassent impression en un point correspondant de la surface, et que l'ensemble des points ainsi affectés compose une image de l'objet.

Comme exemple de l'action chimique de la lumière, prenons un morceau de papier albuminé tel qu'on le trouve dans le commerce, c'est du papier recouvert d'une couche mince d'albumine salée ; appliquons-le, du côté de l'albumine, sur un bain d'azotate d'argent, à 20 0/0 environ, retirons-le au bout de cinq minutes, laissons-le sécher dans l'obscurité en le suspendant par un de ses coins, puis exposons une partie de ce papier à la lumière en cachant l'autre partie. La première partie noircit peu à peu. Plongeons alors le papier tout entier dans une dissolution d'hyposulfite de soude à 10 0/0. Après ce lavage, il peut être remis à la lumière sans que la partie non attaquée noircisse désormais ; il reste moitié noir, moitié blanc.

Dans cette expérience, le chlorure de sodium du papier albuminé et le nitrate d'argent ont produit par leur réaction, à la surface du papier, une couche de chlorure d'argent ; le chlorure d'argent, plus ou moins humide, exposé à la lumière se décompose partiellement en perdant du chlore qui se combine avec l'hydrogène de l'eau ou de l'albumine ; l'argent mis en liberté dans un état d'extrême division noircit le papier. Le bain d'hyposulfite de soude dissout le chlorure d'argent non altéré et en débarrasse la partie du papier qui doit rester blanche.

L'action chimique n'est pas égale pour tous les rayons. Elle est prédominante du côté du violet, comme la chaleur l'est du côté du rouge. On s'en assure en étalant un spectre solaire à la surface d'une couche sensible. On a même ainsi découvert que le spectre solaire s'étend bien au delà du violet visible, comme il se prolonge au delà du rouge extrême.

L'expérience du papier albuminé exposé au soleil ou à la clarté du jour, suffisant pour démontrer l'action chimique de la lumière, n'est pas disposée pour faire apparaître l'image d'un objet : il reste à placer le papier ou toute autre surface sensible dans des conditions telles que les rayons émis par un point déterminé de l'objet soient concentrés en un point correspondant de la surface. C'est ce qu'on obtient au moyen de la lentille de la chambre noire (50), la couche sensible étant disposée au fond de la boîte à l'endroit précis où se forme l'image de l'objet.

90. Procédés. — Nous ne pouvons faire ici ni l'historique de la photographie, ni la description des procédés très divers qui sont en usage dans les ateliers : nous devons nous borner à quelques indications pouvant servir d'introduction à la lecture des traités spéciaux.

Après les premiers essais de Niepce, qui datent de 1826, la photographie prit rang dans l'art ou l'industrie, comme on voudra, à partir du jour où Daguerre annonça, en 1839, qu'il avait trouvé le moyen de fixer l'image de la chambre noire sur une plaque d'argent poli, exposée à la vapeur d'iode, et recouverte par conséquent d'une légère couche d'iodure d'argent.

Parmi les procédés aujourd'hui employés, citons le *collodion humide* et le *gélatino-bromure*. Dans les deux cas, on étend la substance sensible sur une lame de verre soigneusement nettoyée; on l'expose dans la chambre noire au rayonnement de l'objet, la lumière agit sur cette substance pendant la pose, mais l'impression est si faible qu'aucune image n'est encore visible. On la fait apparaître en plongeant la glace dans un *bain révélateur*, lequel contient une substance capable de réduire les sels d'argent impressionnés par la lumière et d'en mettre l'argent en liberté. L'image ainsi obtenue est noire dans les points correspondant aux parties claires de l'objet. C'est ce qu'on appelle une *image négative;* on la fixe à l'hyposulfite de soude; la glace ainsi préparée est un cliché.

Dans une seconde série d'opérations, on sensibilise au nitrate d'argent une feuille de papier albuminé et salé, et quand elle est sèche, on la place sous le cliché, dans un châssis fermé par une glace épaisse qui applique le cliché et le papier l'un contre l'autre. On expose le tout au soleil, la lumière traversant la glace du châssis et le verre du cliché, agit sur le papier; mais elle ne traverse bien que les parties transparentes du cliché, qui correspondent aux noirs de l'objet : elle ne noircit donc le papier que dans ces parties, en laissant blanches les parties correspondantes aux clairs. On a ainsi une *image positive*, qu'on fixe au moyen du bain d'hyposulfite. Avec un cliché on peut faire successivement un grand nombre d'épreuves.

Le collodion est une dissolution de coton-poudre dans un mélange d'alcool et d'éther. On y ajoute divers iodures et bromures, solubles dans ce liquide. La lame de verre étant bien propre, on la saisit par un de ses angles et on y verse la liqueur, on étend celle-ci sur toute la surface, on fait écouler l'excédent, et la glace reste recouverte d'une pellicule transparente de collodion ioduré.

On transporte alors la plaque dans une chambre médiocrement éclairée par une fenêtre ou par une lanterne à vitres jaunes. On la plonge dans un bain d'azotate d'argent. Ce sel se transforme en iodure et bromure d'argent, formant un enduit opalin sur le verre. On place la glace dans un châssis destiné à la chambre noire.

La chambre noire a été préalablement disposée devant l'objet, et le fond, qui consiste en un châssis garni d'une plaque de verre dépoli, a été ajusté de façon que l'image de l'objet s'y montre avec la plus grande netteté. Pour la pose, ce châssis est remplacé par celui qui porte la plaque sensible, laquelle se trouve ainsi mise au point aussi bien que le verre dépoli. Le châssis de la plaque est fermé par un obturateur qu'on retire ; on découvre l'objectif de la chambre noire, on laisse agir la lumière durant quelques secondes, on referme le châssis, et, après l'avoir séparé de la chambre noire, on le porte dans la chambre aux manipulations.

La plaque, retirée de son châssis, semble inaltérée. On y verse un liquide réducteur, qui est une dissolution d'acide pyrogallique ou de sulfate de fer, et l'on voit alors apparaître l'image négative du cliché. On lave la plaque à grande eau et on la plonge dans le bain d'hyposulfite de soude. La surface opaline s'éclaircit peu à peu, et devient transparente partout, excepté dans les ombres et les demi-teintes du dessin renversé. On lave de nouveau le cliché et on le laisse sécher.

Pour le tirage des épreuves positives, nous n'ajouterons rien à ce qui a été dit plus haut.

Les clichés au collodion doivent être préparés au moment même où l'on veut s'en servir pour la pose : une fois complètement secs, ils sont presque insensibles à la lumière. La nécessité de faire tant de manipulations séance tenante rend ce procédé très incommode en voyage et quelquefois impraticable.

Le procédé au gélatino-bromure est affranchi de cette nécessité. On peut préparer les plaques longtemps avant de s'en servir, et elles sont très sensibles quoique sèches. La sensibilité est même excessive. Une fraction de seconde suffit pour la pose à une bonne lumière, si bien qu'on a pu imprimer l'image d'un cheval au galop ou d'un train de wagons en marche. La substance sensible est une dissolution de gélatine pure avec laquelle on mélange des bromures et du nitrate d'argent. Ce mélange a la consistance gélatineuse et on délaye une certaine quantité dans de l'eau chaude quand on veut couvrir une lame de verre : on fait sécher et on emporte les plaques ainsi préparées, dans une boîte soigneusement fermée. Pour l'exposition à la chambre noire, on les fait passer de la boîte dans le châssis, sans qu'elles voient le jour. Après la pose, qui est très courte, on les remet de même dans la boîte, se réservant de faire au retour les opérations nécessaires pour révéler et fixer les images négatives. Ces opérations sont les mêmes que pour les plaques au collodion.

A cause de l'extrême sensibilité du gélatino-bromure, la préparation des plaques exige beaucoup d'adresse, et une installation qui permette d'opérer presque à l'abri de la lumière, en éclairant seulement le cabinet par une bougie placée dans une lanterne à verre rouge, la lumière rouge ainsi que la lumière jaune ayant peu d'action chimique. Ces difficultés sont plus aisément surmontées dans des ateliers spéciaux que chez des particuliers. Aussi les photographes ont-ils maintenant l'habitude d'acheter les plaques au gélatino-bromure, toutes prêtes pour la pose, et quelquefois même de les rapporter au fabricant pour la révélation et la fixation des images.

COMPLÉMENTS

CHAPITRE PREMIER.

PRINCIPE DE L'INERTIE. — FORCES.

91. Le mouvement. — Tout ce que nous voyons est en mouvement dans le ciel, dans l'air, dans l'eau, dans la terre, dans notre propre corps. *Le mouvement est l'état d'un objet qui change de place.*

Tantôt le mouvement est très apparent, comme celui d'une étoile filante, d'un nuage chassé par le vent, d'un oiseau qui vole, de l'eau courante, d'une pierre roulant sur la pente d'un chemin. Tantôt le corps, envisagé dans sa totalité, paraît immobile et le mouvement n'existe qu'entre les parties dont il se compose : tel est le cas de toute substance qui se dilate ou se contracte par un changement de température. Enfin il y a des mouvements qui nous échappent, parce que nous les partageons avec les objets voisins et qu'il n'en résulte aucun déplacement relatif entre nous et ces objets. C'est ainsi que nous n'apercevons ni le mouvement diurne, ni le mouvement annuel de la terre, à moins que, par des observations appropriées, nous ne rapportions les différentes positions que ce double mouvement nous assigne dans l'espace à un point du ciel qui ne le partage pas, à une étoile.

92. Inertie. — Chocs. — Le mouvement ne naît pas spontanément dans un corps : une pierre ne se déplace pas toute seule ; elle se déplace si on lui donne un coup de pied. Elle se meut après avoir reçu un choc, c'est-à-dire après avoir éprouvé la rencontre d'un corps qui était lui-même en mouvement.

Le choc ne crée pas le mouvemnnt, il ne fait que le transmettre. Il est réciproque entre les deux corps qui se rencontrent : l'un prend du mouvement et l'autre en perd ; au moment où l'objet qui était en repos se déplace, le mouvement de l'autre diminue ou s'éteint. Cela se voit dans le jeu de boule ou de billard lorsque la boule qu'on lance enlève celle qu'on vise et s'arrête à sa place. On démontre le même fait avec plus de précision avec l'appareil aux sept boules d'ivoire, qui est décrit dans le cours d'acoustique.

L'incapacité de la matière à se donner du mouvement est ce qu'on appelle *l'inertie*. Cette incapacité comprend l'impossibilité où est tout corps qui a un mouvement d'en changer ou de s'arrêter tout à fait. A ce point de vue, comme au précédent, l'inertie de la matière est confirmée par l'expérience, car l'expérience bien interprétée apprend qu'un mobile qui s'arrête ne s'arrête pas tout seul. En effet, faisons courir une bille successivement sur un chemin plus ou moins raboteux, sur une dalle, sur un parquet, un tapis de billard, un marbre poli, une glace, nous verrons que plus sa route est libre, plus elle va loin pour la même impulsion. Donc, sans obstacle, elle irait toujours. La rencontre d'un obstacle, même de l'air qu'elle traverse est pour elle un choc, et si son mouvement s'éteint, c'est qu'elle le communique en détail à tous les corps qu'elle déplace.

93. Forces. — On appelle *force* tout ce qui met un corps en mouvement, et par suite tout ce qui modifie un mouvement, le diminue, l'augmente ou le supprime. Un choc est une force; et nous en concevons assez bien l'effet par la communication du mouvement d'un corps à un autre : c'est ainsi qu'une bille en chasse une autre, que l'eau courante pousse les cailloux, que le vent soulève la poussière et agite les arbres.

Nous voyons moins clair dans les effets produits par ce qu'on appelle les *agents physiques*, l'attraction universelle ou la pesanteur, les actions moléculaires, la chaleur, la lumière, l'électricité et le magnétisme. Quand une pierre tombe au moment où on la lâche, sans lui donner une impulsion, comment passe-t-elle du repos au mouvement? Ce mouvement et tant d'autres ont-ils pour origine des chocs dont le mécanisme nous échappe? on ne saurait le dire à coup sûr. Toujours est-il que dans tous les cas où nous voyons nettement comment les choses se passent la nécessité d'une impulsion paraît manifeste. Dès lors, nous sommes portés à l'admettre pour tous les cas où se montre à nos yeux un mouvement ou un phénomène quelconque. La conception des forces vient de là; d'après les analogies des phénomènes, on les a groupées en différents genres sous la dénomination des agents physiques que nous venons d'énumérer.

94. Pression. Action et réaction. Équilibre des forces. — Les forces agissent souvent dans des conditions telles que le mouvement qui devrait résulter de leur action est impossible. Par exemple, un livre est sur une table. Le poids de ce livre est une force qui le ferait tomber à terre sans l'interposition du support. Le livre presse alors la table; la table réagit et presse le livre en sens inverse.

Entre les deux surfaces en contact, il y a *action* et *réaction*. Finalement le livre est entre deux forces, l'une qui est son poids agissant de *haut en bas*, l'autre la réaction du support agissant de *bas en haut*. Il reste immobile et l'on dit que les deux forces se font *équilibre*.

95. Égalité des forces. — Deux forces sont égales lorsqu'elles produisent le même effet dans les mêmes conditions.

Cet effet peut être un mouvement ou une pression. Constater l'égalité parfait de deux mouvements n'est pas commode. Aussi, dans la pratique, quand il s'agit de comparer les forces, les considère-t-on à l'état d'équilibre.

Deux forces sont égales lorsque, agissant simultanément sur le même corps, ou mathématiquement sur le même point matériel, en sens inverse, elles maintiennent ce corps ou ce point à l'état d'immobilité.

Opposer ainsi deux forces l'une à l'autre n'est pas non plus un procédé bien commode. En realité, on opère autrement. On constate l'égalité de deux forces en s'assurant que l'une et l'autre peut séparement faire équilibre à un

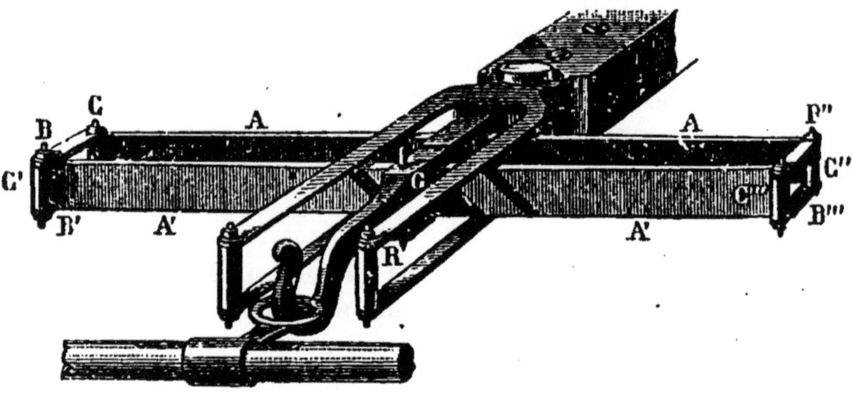

Fig. 91. — Dynamomètre.

même système d'autres forces. C'est le principe des *dynamomètres*.

96. Dynamomètres, mesure des forces. — L'un des meilleurs consiste en deux lames d'acier AA, A'A' tout à fait pareilles, parallèles l'une à l'autre à l'état de repos, et reliées entre elles par des brides B B' B'' B''' et des boulons C C' C'' C''' (*fig.* 91). On fixe la lame AA, par son milieu, et on fait agir la force sur le milieu G de A'A', au moyen d'une griffe. Les lames se courbent, réagissent par leur élasticité, et font équilibre à la force. Un crayon R fixé à la griffe G trace sur une feuille de papier, un trait dont la longueur représente la déformation des ressorts. Deux forces successivement appliquées à la griffe G, qui produisent le même écartement, sont égales, parce qu'alors elles font équilibre à un même système de forces développées par l'élasticité des lames. Il serait d'ailleurs possible de s'assurer que deux forces dont on aurait reconnu l'égalité par ce procédé, se feraient équilibre si on les opposait l'une à l'autre, ou produiraient le même mouvement si on les faisait agir sur le même corps.

Le dynamomètre se prête aux expériences les plus variées; on peut y faire agir un homme, des chevaux, une machine. On peut aussi faire agir un poids, et constater, par exemple, que la force d'un homme y produit le même effet que tel nombre de kilogrammes.

Nous arrivons ainsi à prendre pour unité de force le kilogramme, c'est-à-dire le poids dans le vide à Paris d'un décimètre cube d'eau distillée, au maximum de densité.

97. Représentation géométrique des forces. — La possibilité de comparer les forces à une unité entraîne celle de les exprimer par des nombres. Une force est alors complètement déterminée par son *point d'application*, *sa direction*, *son intensité*.

Le point d'application est le point sur lequel la force agit pour le faire mouvoir, s'il est libre d'ailleurs. Lorsqu'une force agit non pas sur un point unique, mais sur un corps inflexible, en d'autres termes sur un système de points liés entre eux invariablement, on peut prendre pour son point d'application un quelconque des points situés sur sa direction.

La direction de la force est la droite suivant laquelle se déplacerait un point soumis exclusivement à son action.

On doit dire dans quel sens, sur cette direction, agit la force.

L'intensité n'est autre chose que la grandeur de la force évaluée en kilogrammes.

Ces conditions étant connues, il est toujours possible de

représenter les forces par des droites : à partir du point d'application, on trace une droite selon la direction de la force ; à partir du même point, et dans le sens de la force, on prend sur cette droite une longueur proportionnelle à l'intensité, c'est-à-dire une longueur qui soit à l'unité de longueur comme la force est au kilogramme.

98. Composition des forces. — La représentation graphique des forces a permis aux géomètres d'établir un certain nombre de théorèmes, fréquemment utilisés, et dont la démonstration se fait en général en considérant les forces à l'état d'équilibre.

Rappelons qu'une force donnée, agissant sur un point, est tenue en équilibre par une force égale, agissant sur le même point dans la même direction et en sens inverse (95). D'où il résulte que pour avoir la direction d'une force, on peut, au lieu d'observer le mouvement qu'elle imprimerait au point, lui faire équilibre par une autre force de direction connue et prendre la direction de celle-ci pour la direction de l'autre. Tel est le cas du fil à plomb, dont la résistance, s'exerçant évidemment selon la longueur du fil, fait équilibre au poids du corps et détermine par conséquent la direction de ce poids.

Un point soumis à deux ou plusieurs forces qui ne se font pas équilibre prendrait, sous l'action simultanée de ces forces, un certain mouvement ; et l'on conçoit que le même mouvement pourrait être communiqué à ce point par une force unique. Cette force est la *résultante* du système. On la détermine, non pas par l'observation du mouvement, mais en cherchant quelle est la force qui maintiendrait en équilibre le système donné : la résultante est égale et contraire à cette dernière force. Les forces données sont dites les *composantes* de la résultante. Nous nous bornerons à énoncer sur ce sujet les théorèmes suivants :

1° *La résultante de plusieurs forces agissant sur un même point suivant la même direction est égale en grandeur et en signe à la somme algébrique de ces forces*, c'est-à-dire que si l'on ajoute toutes les forces dirigées dans un sens et toutes les forces dirigées en sens contraire, et si l'on retranche la plus petite somme de la plus grande, la résultante est égale à la différence et elle est dirigée dans le sens de la plus grande somme.

2° *La résultante de deux forces concourantes est représentée en direction et en grandeur par la diagonale du parallélogramme construit sur ces deux forces.* En d'autres termes, étant données deux forces, appliquées au même

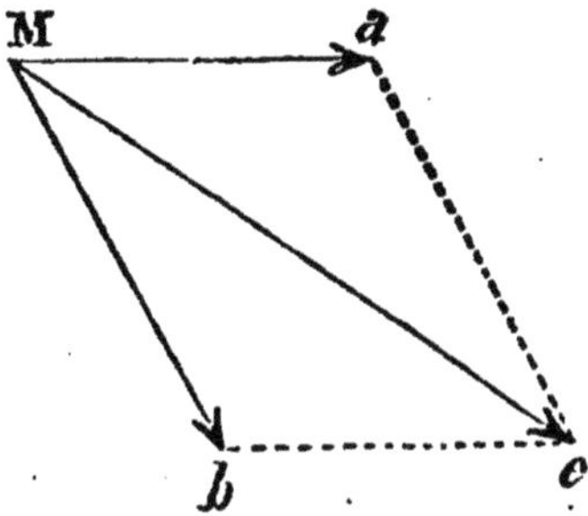

Fig. 92. — Composition de deux forces concourantes.

point M (*fig.* 92), si l'on prend sur les droites qui représentent les directions de ces deux forces, à partir de leur point de rencontre, deux longueurs M*a* et M*b* proportionnelles aux grandeurs des forces, et si l'on construit un parallélogramme ayant ces deux longueurs pour côtés, la résultante des deux composantes est représentée en direction et en grandeur par la diagonale M*c* de ce parallélogramme.

3° *La résultante de trois forces appliquées à un même point et non dirigées dans un même plan est représentée en direction et en grandeur par la diagonale du parallélipipède construit sur ces trois forces.* Ce théorème n'est qu'une extension du précédent, on en déduit la composition d'un nombre quelconque de forces concourantes.

4° Deux forces parallèles A*a*, B*b* (*fig.* 93) et de même sens, appliquées à deux points A, B, invariablement liés entre eux, ont une résultante C*c* qui est située dans leur plan, qui leur est parallèle et qui est égale à leur somme ; le point d'application C de cette résultante détermine, sur la droite qui joint les points d'application des composantes, deux segments inversement proportionnels aux grandeurs des composantes,

$$\frac{CA}{CB}=\frac{Bb}{Aa}.$$

On passe de ce cas à celui de deux forces parallèles

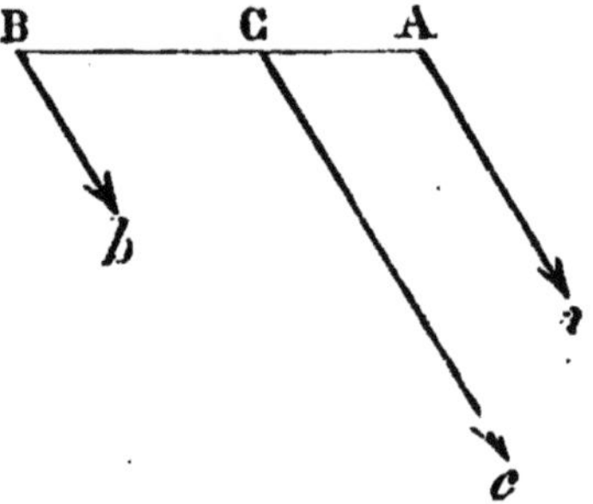

Fig. 93. — Composition de deux forces parallèles.

inégales et de sens contraire ; puis à la composition d'un système quelconque de forces parallèles.

Il ne faudrait pas croire que tout système de forces a une résultante. Deux forces parallèles égales et de sens opposé, appliquées aux extrémités d'une barre, n'ont pas de résultante, c'est-à-dire ne peuvent être ramenées à une force unique capable de transporter la barre dans une certaine direction. Ces deux forces auraient pour effet de faire tourner la barre jusqu'à ce qu'elle vînt se placer dans la direction même des forces, et alors celles-ci se feraient équilibre. Il n'y a pas non plus de résultante pour le système de de deux forces non parallèles, et situées dans des plans différents, et par conséquent ne pouvant se rencontrer.

99. Mouvement uniforme. Trajectoire. Vitesse. — Revenons à l'étude du mouvement, considéré dans ses rapports avec les forces.

Imaginons un corps lancé par une force, puis abandonné à lui-même. Il est en mouvement, et d'après ce qui a été dit au numéro 92, il doit y persister ; de lui-même il ne peut modifier en rien le mouvement dont il est animé. Cela veut dire : 1° qu'il ne déviera ni à droite, ni à gauche de la ligne droite qu'il a commencé à décrire ; 2° que, s'il a commencé à parcourir tel nombre de mètres dans l'intervalle d'une seconde, il continuera indéfiniment à parcourir le même chemin dans le même temps. Pour exprimer que le mobile se déplace suivant une ligne droite, on dit que la *trajectoire* du mobile ou du mouvement est rectiligne. Pour exprimer que le mobile parcourt dans le même intervalle de temps toujours la même longueur, on dit que le mouvement est *uniforme*.

Dans ces définitions et dans les considérations qui s'en déduisent, afin de donner de la précision au langage et de pouvoir dire, par exemple, que la trajectoire est une ligne, on a l'habitude de regarder le mobile comme réduit à un point.

On appelle *vitesse* d'un mouvement uniforme l'espace *parcouru par le point mobile dans l'unité de temps*. On prend pour unité de temps la seconde et on mesure l'espace en mètres. La vitesse est donc le nombre de mètres parcouru dans une seconde. Cet espace étant indéfiniment le même, on peut définir le mouvement uniforme en disant que la vitesse y est *constante*.

Si l'on avait à déterminer la vitesse d'un mouvement uniforme, il ne serait pas nécessaire de s'astreindre à mesurer juste l'espace parcouru dans une seconde. On mesurerait en mètres l'espace parcouru dans un nombre de secondes que l'on compterait, et on diviserait ce nombre de mètres par ce nombre de secondes. La vitesse est donc aussi *le rapport de l'espace parcouru au temps employé à le parcourir*.

De même si l'on connaît une fois la vitesse, il suffira d'observer le temps employé à parcourir un certain espace pour calculer cet espace, et d'observer l'espace pour calculer le temps.

Les définitions précédentes sont résumées par la formule

$$v = \frac{e}{t}$$

d'où l'on déduit

$$e = vt \text{ et } t = \frac{e}{v}$$

v étant le nombre de mètres qui représente la vitesse, t le nombre de secondes qui exprime le temps compté à partir du moment où le mouvement a commencé, e le nombre de mètres exprimant l'espace parcouru depuis ce moment.

En fait, on n'observe pas dans la nature le mouvement rectiligne et uniforme. Un tel mouvement est une conception de l'esprit. Un train marchant à pleine vitesse sur un chemin de fer le réalise à peu près, non pas que le train ne soit sollicité par aucune force, mais parce que les impulsions qu'il reçoit de la machine et les résistances qu'il rencontre se font équilibre à chaque instant, et que ces conditions équivalent au cas d'un mobile qui a été mis en mouvement mais qui n'est soumis actuellement à aucune force.

Le mouvement diurne de la terre est un mouvement uniforme, en ce sens qu'un point quelconque, en tournant autour de l'axe, décrit toujours, dans les mêmes intervalles de temps, un arc de même grandeur.

100. Mouvement varié. Vitesse à un moment donné. — A supposer qu'un mobile ait un mouvement rectiligne et uniforme, et qu'une force survienne et agisse sur lui, le mouvement change. Le corps peut se diriger suivant une nouvelle droite, mais nous admettrons qu'il n'y a pas de changement dans la trajectoire. Le changement porte donc sur la vitesse. L'espace parcouru dans une seconde n'est plus le même; et si la force intervient de nouveau, aussi souvent elle fera sentir son action, aussi souvent la vitesse sera modifiée. Imaginons enfin que la force agisse sans désemparer, qu'elle soit *continue*, alors dans aucune partie du mouvement, même entre des limites très rapprochées, on ne trouve plus d'espaces égaux correspondant à des temps égaux. Le mouvement est *varié*. Un mouvement varié est un mouvement qui n'est pas uniforme, et cela parce que le mobile subit l'action de quelque force pendant qu'il est en mouvement.

Dans le mouvement varié, l'espace décrit dans l'unité de temps n'est pas constant, et, si l'on divise un espace parcouru par le temps employé à le parcourir, le rapport varie d'un instant à l'autre : il n'y a pas de vitesse constante propre à caractériser ce mouvement. Mais il y a une vitesse variable, et il faut savoir ce qu'on doit entendre par là : on peut l'expliquer de deux façons.

Si la force continue qui fait varier le mouvement cessait d'agir à un certain moment, le mouvement deviendrait uniforme, il aurait alors une certaine vitesse, désormais constante. Cette vitesse est ce qu'on appelle *la vitesse du mouvement varié au moment considéré.*

A un autre point de vue, considérant le mouvement en lui-même, indépendamment de la force, prenons, à partir d'un certain moment, l'espace parcouru pendant un intervalle de temps et divisons cet espace par ce temps : nous aurons ainsi ce qu'on peut appeler une *vitesse moyenne* pendant ce temps, et qui est la vitesse que devrait avoir un mouvement uniforme pour faire parcourir au mobile dans le même temps l'espace qu'il parcourt en réalité. Si l'intervalle de temps est très petit, le mouvement variera très peu dans cet intervalle; et, en supposant que le mobile fût accompagné d'un autre marchant uniformément avec la vitesse moyenne, non seulement ils seraient ensemble au commencement et à la fin de l'intervalle, mais ils ne se sépareraient pas sensiblement dans les points intermédiaires. La vitesse moyenne, pour un intervalle de temps très petit, est donc, à un moment donné, la vitesse qu'aurait ce mouvement s'il devenait uniforme à ce moment, ce qui nous ramène à la définition déjà donnée.

La vitesse d'un mouvement varié à un moment donné est donc : ou bien *la vitesse qu'aurait le mouvement si, la force cessant d'agir, il devenait uniforme au moment considéré;* ou bien *la limite du rapport de l'espace parcouru au temps, quand celui-ci tend vers zéro.*

101. Mouvement accéléré. Mouvement retardé. — Lorsque la force qui fait varier le mouvement agit dans le sens du mouvement, l'espace que parcourt le mobile dans une seconde va en augmentant; en d'autres termes, la vitesse croît d'un moment à l'autre. Le mouvement est alors *accéléré.* Le mouvement est *retardé* dans les circonstances contraires. Un train qui s'ébranle sur un chemin de fer prend d'abord un mouvement accéléré; le mouvement est à peu près uniforme dans l'intervalle de deux stations; il devient retardé à l'approche de la station où il va s'arrêter.

102. Indépendance des forces successives ou simultanées. — Lorsqu'un objet est en mouvement et qu'une force vient agir sur lui, elle produit le même effet que si l'objet eût été en repos. C'est là un fait très vulgaire. Par exemple, tous les objets compris dans un wagon en marche participent au mouvement du train. Ce mouvement n'empêche pas que, par des actions très variées, on déplace les objets les uns par rapport aux autres de la même manière que si le train était arrêté. Une montre portée en voyage va exactement comme si elle était posée sur une table : les ressorts agissent donc semblablement dans les deux cas.

Le mouvement que possède un corps au moment où une force survient étant lui-même l'effet d'une force antérieure, ce qui précède revient à dire que, dans le cas où plusieurs forces agissent successivement sur le même corps, chacune d'elles produit pour son compte le même effet que si elle avait été seule. Peu importe d'ailleurs l'intervalle de temps qui sépare les interventions de ces forces; en le réduisant à zéro, on en conclut que ce qui est vrai des forces successives l'est aussi des forces simultanées. En fait, dans l'exemple précédent, le wagon est sans cesse poussé par la force de la vapeur, et gêné sans cesse par les résistances de la route; les objets qu'on déplace dans la voiture sont donc soumis simultanément à plusieurs forces, et l'on ne peut pas objecter que ces forces se font équilibre, puisqu'il y a bien des moments où le mouvement du train n'est pas uniforme (99). De même une montre qu'on ferait osciller au bout d'un fil serait en mouvement sous l'action de son poids et cela ne changerait pas l'effet des ressorts intérieurs. Il est donc acquis que *les effets des forces agissant successivement ou simultanément sur un corps sont indépendants les uns des autres.* C'est là un principe expérimental très important qui va nous permettre d'étudier les effets des forces constantes. Mais auparavant nous achèverons de préciser ce principe à l'aide d'une figure. Supposons que dans la figure 92 du n° 98, la longueur M*a* représente l'espace qu'un mobile M parcourrait dans un certain temps en vertu d'un mouvement qu'il possède déjà; et que la longueur M*b* soit l'espace que lui ferait parcourir dans le même temps une force quelconque, si cette force le trouvait en M à l'état de repos. Le mobile M, en vertu de son mouvement antérieur et de la force actuelle, sera dans le même cas que s'il parcourait successivement d'abord M*a*, puis *ac* parallèle et égale à M*b*, c'est-à-dire qu'au bout du temps considéré, il sera au point *c* extrémité de la diagonale du parallélogramme construit sur M*a* et M*b*.

103. Mouvement uniformément varié. Force constante. — Parmi les mouvements variés qu'on observe ou qu'on peut concevoir, le plus intéressant est le mouvement *uniformément varié*, lequel est produit par une *force constante.*

Une force constante est une force continue telle que, si,

à chacun des moments de son action, elle trouvait le corps en repos, elle lui communiquerait en agissant sur lui pendant le même temps une même vitesse dirigée suivant une même droite. Supposons que le corps soit en repos au moment où la force commence d'agir sur lui. Bien que cette force, en tant que force continue, n'ait pas d'intermittences, rien n'empêche de concevoir son action comme décomposée en impulsions successives, dirigées toutes dans le même sens, et capables de produire la même vitesse. La première impulsion communique au corps une vitesse qui demeurerait constante si le mobile était alors abandonné par la force; mais la force intervient par une seconde impulsion égale en tout à la première : même vitesse communiquée au mobile, puisque, d'après le principe précédent, il importe peu que le corps soit en mouvement ou en repos. La seconde vitesse s'ajoute donc à la première, ou, si l'on veut, la première vitesse, qu'on peut regarder comme un premier accroissement à partir de zéro, reçoit un accroissement égal à celui-ci. Dans un troisième intervalle de temps égal aux précédents, la force exerce de nouveau son action et pro duit un égal accroissement de vitesse. Ainsi de suite. Il en résulte un mouvement tel que *la vitesse y éprouve des augmentations égales dans des temps égaux;* ou *que la vitesse augmente également dans l'unité de temps;* ou encore *que la vitesse augmente proportionnellement au temps. Chacune de ces formules est la définition du mouvement uniformément accéléré.*

Cette définition subsiste dans le cas où le corps serait animé déjà d'une vitesse au moment où commence l'action de la force constante. Lè mouvement serait *uniformément retardé* si la force constante agissait en sens inverse d'un mouvement préalable, la vitesse décroissant proportionnellement au temps.

101. Accélération. — *L'augmentation de la vitesse dans l'unité de temps ou le rapport de l'augmentation de la vitesse dans un certain temps à ce temps* est ce qu'on appelle *l'accélération*. L'accélération est constante dans un mouvement uniformément varié comme la vitesse est constante dans un mouvement uniforme. Les mouvements uniformément variés diffèrent entre eux par la grandeur de l'accélération, comme les mouvements uniformes se différencient par la valeur de leurs vitesses. Dans un mouvement varié non uniformément, il n'y a pas à proprement parler d'accélération qui le caractérise ; mais à différentes époques du mouvement on aurait une accélération moyenne pour un certain intervalle de temps en divisant l'augmentation de la vitesse par cet intervalle.

Tout ce qui vient d'être dit sur l'accroissement de la vitesse dans un mouvement uniformément accéléré et sur la constance de l'accélération est exprimé, dans le cas où le corps part du repos sous l'action de la force constante, par l'équation

$$v = ct,$$

dans laquelle c représente en mètres la vitesse communiquée par la force au mobile dans le cours d'une seconde, c'est-à-dire l'accélération ; t représente en secondes le temps écoulé depuis l'origine du mouvement jusqu'au moment considéré ; v la vitesse au bout de ce temps.

105. Espace parcouru.— La relation ou la loi qui lie la vitesse au temps dans un mouvement uniformément accéléré peut être remplacée par une relation équivalente entre le temps et l'espace parcouru. Celle-ci consiste en ce que dans un mouvement uniformément accéléré l'espace parcouru croît proportionnellement au carré du temps. Une construction géométrique permet de passer de la première relation à la seconde ; nous supposerons toujours que le corps est en repos au moment où la force constante vient le saisir.

Sur une droite horizontale (*fig.* 91), prenons une longueur OT_1 pour représenter un petit intervalle de temps, une fraction de seconde. Le mobile, qui n'avait pas de vitesse à l'origine de ce temps représentée par le point O, a acquis, au contraire, au bout de ce temps, une vitesse que nous figurerons par une verticale T_1V_1. Pendant un second intervalle T_1T_2, égal au premier, la vitesse augmente d'une quantité égale à V_1T_1; la vitesse à l'époque T_2 est donc T_2V_2 telle que $V_2A = AT_2 = V_1T_1$. De même à l'époque T_3, après un troisième intervalle de temps égal aux précédents, la vitesse est T_3V_3, telle que $V_3B = V_2A = V_1T_1$, et ainsi de suite. Les longueurs T_1V_1, T_2V_2, T_3V_3... étant propor

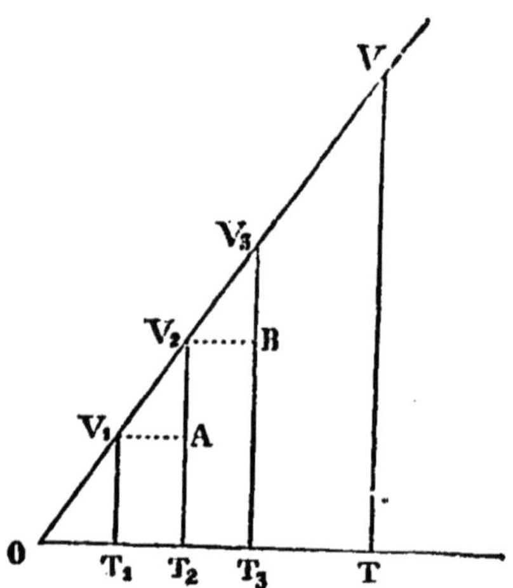

Fig. 94. — Loi des espaces.

tionnelles aux longueurs OT_1, OT_1 OT_2, OT_3, les points V_1, V_2, V_3... se trouvent sur une même droite passant par le point O. Cette droite étant construite, si OT représente un temps quelconque à partir du commencement, la vitesse correspondante au bout de ce temps sera la verticale TV élevée à partir du point T jusqu'à la rencontre de la droite $OV_1V_2V_3$...

Cela posé, admettons que, dans chacun des intervalles de temps OT_1, T_1T_2, T_2T_3.... le mouvement est uniforme et par conséquent la vitesse constante : la supposition s'écarte d'autant moins de la vérité que les intervalles sont plus petits. Pour l'intervalle OT_1 nous prendrons une vitesse nulle ; pour l'intervalle T_1T_2 une vitesse constante égale à T_1V_1 ; pour l'intervalle T_2T_3 une vitesse égale à T_2V_2..... Dès lors, l'espace parcouru pendant chacun de ces intervalles est le produit de la vitesse par le temps. Mais le produit de la vitesse T_1V_1 par le temps T_1T_2 est représenté sur la figure par le rectangle $T_1V_1AT_2$; le produit de la vitesse T_2V_2 par le temps T_2T_3 est représenté par le rectangle $T_2V_2BT_3$.... Il résulte de là que l'espace parcouru depuis l'origine jusqu'à l'époque T_3 est la somme de ces rectangles, laquelle somme peut être remplacée, avec une approximation d'autant plus grande que les intervalles de temps sont plus petits, par le triangle OT_3V_3. De même, depuis l'origine, jusqu'à une époque quelconque T, l'espace parcouru est le triangle OTV. Or l'aire de ce triangle a pour expression $\frac{1}{2} OT \times TV$.

Appelons t l'intervalle de temps OT exprimé en secondes ; remarquons que le rapport constant de la vitesse acquise au temps n'est autre chose que l'accélération c et remplaçons TV par $c \times OT$ ou ct, nous aurons pour l'aire du triangle ou l'espace parcouru $\frac{1}{2} t \times ct = \frac{1}{2} ct^2$; ce qui signifie que l'espace parcouru est proportionnel au carré du temps.

En désignant par e l'espace exprimé en mètres, nous avons l'équation

$$e = \frac{1}{2} ct^2.$$

Cette équation devient

$$e = \frac{1}{2} c$$

pour $t = 1$. Ce qui montre que *l'espace parcouru à partir du repos pendant une seconde est la moitié de la vitesse que l'action de la force constante imprime au mobile pendant cette seconde.*

106. Notion expérimentale de la masse. — Jusqu'à présent nous avons considéré les mouvements et les forces, sans nous préoccuper des différences qui se manifestent dans les mouvements selon que la même force s'applique à tels ou tels corps. Pourtant c'est le point de vue le plus pratique de la mécanique : car dans l'emploi des forces on a toujours besoin de savoir s'il sera possible de remuer un corps et quel mouvement on sera capable de lui imprimer. Or, tandis que le moindre effort chasse au loin une petite pierre, on a tout la peine du monde à déplacer tant soit peu un grand bloc. Cette observation, qui est de tous les jours, prouve qu'il y a dans les corps *une propriété particulière qui fait qu'ils prennent des vitesses inégales étant soumis pendant le même temps à l'action d'une même force.* On exprime cela en disant que les corps ont *plus ou moins de masse.* Au fond, cette propriété n'est qu'une manifestation de l'inertie de la matière.

Si deux corps sont de même nature, le plus gros a plus de masse que le plus petit. S'ils sont de nature différente, ils peuvent avoir des *masses inégales avec un même volume* : on dit alors d'un seul mot qu'ils n'ont pas la même *densité.*

107. Masses égales. — La masse se présente donc à nous comme une grandeur d'une espèce nouvelle, différente des grandeurs dont nous avons fait usage jusqu'ici. Celles-ci sont les longueurs, les intervalles de temps, et les forces. Nous y ajoutons maintenant les masses. L'idée que nous venons d'en prendre résulte d'une comparaison et ne comporte pas une définition absolue. Il en est de même des autres quantités, car on ne définit pas mieux une longueur, ni un intervalle de temps, ni même une force. Il suffit de savoir à quel signe on reconnaît que les grandeurs de chaque espèce sont égales entre elles et comment elles s'ajoutent les unes aux autres. Deux longueurs égales sont celles qui coïncident quand on les superpose et on les ajoute bout à bout pour avoir une longueur double, triple... d'une autre. Deux intervalles de temps sont égaux s'ils correspondent à la répétition du même phénomène et ils s'ajoutent par succession. Pour les forces, nous avons trouvé les caractères de l'égalité soit dans le mouvement, soit dans l'équilibre (95) et elles s'ajoutent en agissant ensemble sur le même point, dans la même direction et dans le même sens.

Deux masses sont égales, lorsque la même force ou deux forces égales leur impriment, au bout de temps égaux, des vitesses égales, ou leur communiquent le même accroissement de vitesse dans le même temps. D'ailleurs, les masses s'ajoutent en se liant entre elles d'une manière invariable, et l'on a ainsi des masses doubles, triples... d'une masse donnée.

108. Proportionnalité des forces constantes aux masses. — Supposons qu'à plusieurs masses égales, mais distinctes, on applique séparément, dans la même direction et dans le même sens, des forces constantes égales par définition, ces masses égales prendront toutes à partir du repos la même vitesse dans le même temps et elles se déplaceront côte à côte comme si elles étaient unies. Si donc on les réunit véritablement, le mouvement restera le même pour l'ensemble de ces masses; mais alors cet ensemble sera une masse double, triple... de chacune de celles-ci, et en même temps les forces se composeront en une seule qui sera le même multiple de la force primitive. Les forces constantes sont donc proportionnelles aux masses auxquelles elles impriment le même mouvement. Afin de préciser cette dernière expression, on considère dans le mouvement la vitesse acquise à partir du repos pendant une seconde, ou l'accroissement de vitesse acquis à une époque quelconque du mouvement pendant une seconde, c'est-à-dire l'accélération, et on arrive ainsi à cet énoncé que *les forces constantes sont proportionnelles aux masses auxquelles elles communiquent la même accélération.*

109. Proportionnalité des forces constantes aux accélérations. — Supposons que deux forces constantes égales agissent dans la même direction et dans le même sens sur une même masse: elles imprimeront à cette masse la même accélération. Qu'on les fasse agir simultanément : les deux accélérations s'ajouteront en vertu du principe que les effets des forces sont indépendants les uns des autres (102). En même temps les deux forces se composeront en une résultante double de chacune d'elles. On aura donc une accélération double avec une force double ; on aurait de même une accélération triple avec une force triple. Donc *deux forces constantes agissant sur une même masse sont proportionnelles aux accélérations qu'elles lui impriment.*

110. Mesure des forces constantes par le produit des masses et des accélérations, quantité de mouvement.— Les forces constantes étant proportionnelles aux masses quand elles produisent la même accélération, et aux accélérations quand elles s'appliquent à une même masse, sont par cela même *proportionnelles aux produits des masses par les accélérations quand elles donnent à des masses des accélérations différentes.*

On peut donc poser :

$$\frac{F}{F'} = \frac{m\ c}{m'\ c'}$$

Prenons pour unité des masses celle qui acquerrait une accélération égale à 1 mètre par l'action d'une force égale à 1 kilogramme, et soit m' cette masse unité pour $c' = 1$ m. et $F' = 1$ kil., la relation ci-dessus devient :

$$F = m\ c$$

et signifie *qu'une force constante a pour mesure le produit de la masse par l'accélération*, c'est-à-dire qu'elle vaut autant de kilogrammes qu'il y a d'unités dans le produit du nombre qui exprime la masse en unités de masse, et du nombre qui exprime l'accélération en mètres.

Le produit $m\ c$ est appelé *quantité de mouvement.*

La formule $F = m c$, donnant $m = \frac{F}{c}$, permet de considérer la masse comme étant le rapport de la grandeur d'une force constante quelconque à l'accélération qu'elle produit.

111. Proportionnalité des masses aux poids; chute des corps dans le vide. — Comparer les masses entre elles par les mouvements qu'elles reçoivent d'une même force ne serait pas plus commode que de comparer les forces par les mouvements qu'elles impriment à cette même masse : la difficulté serait la même pour déterminer l'unité de masse. Heureusement l'expérience prouve que *les masses sont proportionnelles aux poids*. L'expérience qui démontre ce principe est la même qui sert à constater que tous les corps tombent dans le vide avec la même vitesse. On la fait avec le tube vide de Newton (voir le cours de troisième). Les corps de différentes grosseurs et de différentes natures, prenant le même mouvement dans leur chute, ont, d'après le principe du n° 108, des masses proportionnelles aux forces qui les font tomber : or ces forces sont précisément leurs poids. Les poids et les masses sont donc proportionnels entre eux, et la comparaison des masses peut être ramenée à celle des poids. On la fait donc au moyen des balances.

En désignant par g l'accélération commune à tous les corps qui tombent en vertu de leur poids à la latitude de Paris, et par P le poids d'une masse m, l'équation $F = m c$ devient $P = m g$. Nous verrons bientôt, à propos du pendule (117), que $g = 9,8096$.

Cette formule donne $m = 1$ pour $P = g$. Elle apprend donc que l'unité de masse est celle dont le poids est exprimé par un nombre d'unités de force égal à g, c'est-à-dire celle qui pèse $9^{kg},8096$.

Le nombre g ou 9,8096, qui exprime en mètres l'accélération due à la chute des corps à Paris, exprime donc aussi en kilogrammes le poids de l'unité de masse : c'est pourquoi on dit qu'il représente l'intensité de la pesanteur (1).

---

(1) Rien n'empêcherait de prendre pour unité de masse la masse qui pèse un kilogramme; mais alors pour passer de la relation $\frac{F}{F'} = \frac{m\,c}{m'\,c'}$ à la formule $F = m c$ (110), il faudrait qu'avec m' égal

En dehors de cette acception précise, le mot pesanteur ne peut signifier que la propriété qu'ont les corps d'être

---

à cette unité de masse et c' égal à 1^m, on prît pour unité de force F', non plus le kilogramme, mais une force qui serait la fraction $\frac{1}{g}$ de kilogramme : car le kilogramme imprime l'accélération g à la masse pesant un kilogramme, tandis que l'unité de force ne doit lui imprimer qu'une accélération de 1 mètre.

Les savants réunis en 1881, à Paris, pour le congrès international des électriciens, ont délibéré sur la question des unités. Pour des raisons tirées surtout des applications, aujourd'hui très étendues, de l'électrité, ils ont adopté un système d'unités, qu'on désigne par le symbole C. G. S. Ce symbole signifie *centimètre, gramme, seconde*: il représente les trois *unités fondamentales*, celles de *longueur*, de *masse*, et de *temps*, auxquelles se joignent des *unités dérivées*, dont nous ne citerons que deux, celles de *force* et de *travail*.

L'*unité de longueur* est le *centimètre*, c'est-à-dire la centième partie de la longueur à 0° de l'étalon prototype du mètre, déposé aux Archives. La longueur de ce mètre n'est pas tout à fait exactement $\frac{1}{40,000,000}$ de la longueur d'un méridien.

L'*unité de masse* est la masse du *gramme*, c'est-à-dire la millième partie de la masse de l'étalon prototype du kilogramme de platine déposé aux Archives. La masse de cet étalon est un peu moindre que la masse d'un décimètre cube d'eau pure à 4° ; la masse d'un centimètre cube d'eau à 4° vaut en unité de masse 1,000,013.

L'*unité de temps* est la *seconde*, ou la fraction $\frac{1}{24 \times 60}$ du jour solaire moyen.

L'*unité de force* est déterminée par la condition que la relation $\frac{F}{F'} = \frac{m\ c}{m'\ c'}$ devienne $F = m\ c$, en prenant c' égal à un *centimètre* et m' égale à la masse qui pèse un *gramme*. Il faut pour cela que l'unité de force F' soit la force qui imprimerait une accélération de 1 centimètre à la masse de 1 gramme. On l'a appelée la *dyne* (δύναμις). Elle est égale à la fraction $\frac{1}{9,8096 \times 100 \times 1,000}$ de pesants. La force qui fait tomber les corps n'est déterminée que pour chaque corps en particulier.

---

kilogramme, ou à la fraction $\frac{1}{980,96}$ de gramme. Elle est très petite, car un gramme contient 980,96 dynes. Un milligramme vaut donc 0,98096 de dyne (presque une dyne); un gramme vaut $0,98096 \times 10^3$ dynes, et un kilogramme vaut $0,98096 \times 10^6$.

L'*unité de travail* est déterminée par la condition que la relation $\frac{T}{T'} = \frac{F\ e}{F'\ e'}$ (119) devienne $T = F\,e$, en prenant T' égal à cette unité en même temps que F égal à la dyne et e' égal à un centimètre. L'unité de travail est donc le produit de la dyne par le centimètre. On lui a donné le nom *erg* (ἔργον). Le kilogrammètre contient un nombre d'ergs représenté par $0,98096 \times 1000 \times 1000 \times 100$ ou $0,98096 \times 10^8$.

Ces unités, commodes pour les recherches d'électricité, mais trop petites pour la pratique ordinaire, pourront s'y introduire à la faveur des facteurs 10^3, 10^6, 10^8.

CHAPITRE II.

LOIS DE LA CHUTE DES CORPS, MACHINE D'ATWOOD.

112. Machine d'Atwood (1). — Un corps qui tombe librement suivant les verticales (voir le cours de troisième) est soumis pendant son mouvement à une force continue, qui est son poids, et qui agit toujours de haut en bas. Le mouvement est donc accéléré. Ce que nous allons dire sur la chute des corps aura pour conclusion que ce mouvement est uniformément accéléré et que, par conséquent, le poids du corps est une force constante.

La machine d'Atwood a été imaginée pour ralentir la chute sans altérer les relations qui existent soit entre les vitesses et le temps, soit entre les espaces et le temps. Nous en empruntons la description *au cours de physique de M. Pellat.*

« Deux masses de laiton P et P′ (*fig.* 95) exactement de même poids, ayant chacune la forme d'un cylindre, sont suspendues aux deux extrémités d'un fil flexible. Ce fil, qui a un poids négligeable vis-à-vis du poids des masses, passe sur la gorge d'une poulie très mobile et très légère F.

Ces deux masses se font mutuellement équilibre ; elles restent au repos, si on ne leur communique aucun mouvement. Mais, si l'on vient à ajouter une petite masse additionnelle *a* sur l'une d'elles P, l'équilibre est rompu, et celle-ci descend sous l'action du poids de la masse additionnelle.

Devant la masse P se trouve une règle verticale B C graduée en centimètres et servant à mesurer l'espace parcouru.

---

(1) Atwood, physicien anglais, né vers 1745, mort en 1807.

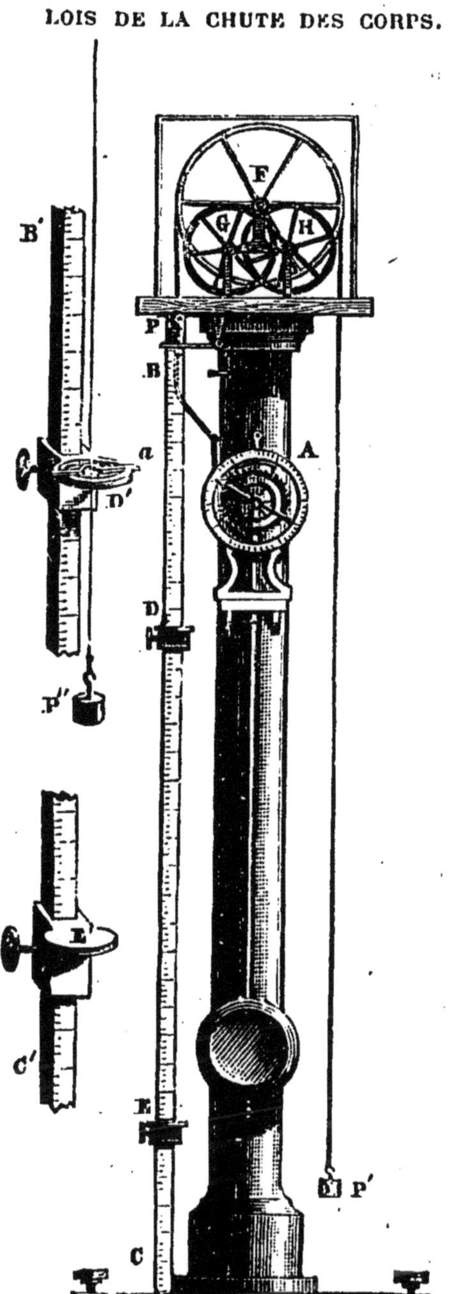

Fig. 95. — Machine d'Atwood.

Une plate-forme placée à la partie supérieure de la règle juste en face du zéro de la graduation permet de maintenir en ce point la masse P chargée de la masse additionnelle *a*. Cette plate-forme peut basculer à un moment voulu, et abandonner les masses à l'action de la pesanteur sans leur communiquer de mouvement.

Une autre plate-forme E et E' (curseur plein) peut se fixer sur la règle, à l'aide d'une vis de pression, à la hauteur que l'on veut. Il en est de même d'un anneau D et D' (curseur annulaire), qui est destiné à enlever, dans certaines expériences, la masse additionnelle *a*, qui pour cela a une forme allongée, tout en laissant passer la masse P.

Un pendule S battant la seconde et mettant en mouvement une aiguille qui marque le temps sur un cadran A, ou tout autre appareil chronométrique, est joint à la machine d'Atwood. »

Le poids p du petit corps a est la seule force qui intervienne pour produire le mouvement, puisque les poids des cylindres P et P' se font équilibre à chaque instant. La masse en mouvement est au contraire la somme des masses des corps a, P et P'. Cette somme est $m+2$ M, si m désigne la masse de a et M la masse commune à P et à P'. Or, si la masse m tombait seule et librement en vertu de son poids p, elle aurait une accélération g donnée par la formule $p=mg$ (111). De même, la masse $m+2$ M mise en mouvement par la force p, prend une accélération g' donnée par l'équation $p=(m+2\text{ M})\,g'$. La machine d'Atwood a donc pour effet de substituer à l'accélération g de la chute libre une accélération g' plus petite, car $g'=g\,\dfrac{m}{m+2\text{ M}}$.

113. Loi des vitesses. — « Mettons la masse additionnelle *a*, de forme allongée, sur la masse P, et celle-ci sur la plate-forme devant le zéro de la graduation, cherchons par tâtonnement (voir ci-après n° 114) le point où il faut placer le curseur annulaire pour qu'il enlève la masse *a*, après une seconde de chute, tout en laissant passer la masse P; la force qui agit sur le système est ainsi supprimée après une seconde de mouvement, et le mouvement devient uniforme, comme nous allons pouvoir nous en assurer. Soit 10 la division où se trouve la base de la masse P au moment où la masse *a* a été enlevée.

Cherchons par tâtonnement à quelle distance il faut placer le curseur plein au-dessous du curseur annulaire pour qu'il soit frappé par P juste une seconde après le passage à travers celui-ci. Nous trouvons qu'il faut les placer à 20 centimètres au-dessous de la division 10. Par conséquent, le système débarrassé de la masse additionnelle a parcouru 20 centimètres en une seconde. Si l'on recommence l'expérience en laissant le curseur annulaire à la même place, mais en cherchant où il faut mettre le curseur plein pour qu'il soit frappé 2, 3, 4 secondes après le passage à travers le curseur annulaire, on trouve qu'il faut le placer à 40, 60, 80 centimètres au-dessous de la division 10. Le mouvement est donc maintenant uniforme, puisque les espaces parcourus sont proportionnels au temps ; et la vitesse qui est de 20 centimètres par seconde représente la vitesse acquise par le système dans le mouvement uniformément varié après une seconde de chute. »

Il reste à voir que la vitesse croît proportionnellement au temps dans ce mouvement, en d'autres termes qu'il est caractérisé par une accélération constante de 20 centimètres. A cet effet, plaçons le curseur annulaire successivement dans des positions telles que la masse additionnelle soit enlevée après 2 et 3 secondes de chute. Nous trouvons qu'il faut placer le curseur plein à 40 centimètres dans le premier cas et à 60 centimètres dans le second au-dessous du point où le curseur annulaire a enlevé la masse *a*. La vitesse est donc devenue après 2 et 3 secondes de chute 2 et 3 fois plus grande qu'elle n'était après une seconde. En un mot, elle croît proportionnellement au temps, ce qui est le caractère d'un mouvement uniformément varié.

On remarquera que la vitesse de 20 centimètres acquise après une chute d'une seconde est le double de l'espace parcouru par le mobile pour aller pendant cette seconde du zéro à la division 10 : remarque conforme à celle qui termine le nº 105.

114. Loi des espaces. — « Plaçons la masse additionnelle sur la masse P et celle-ci sur la plate-forme, devant le zéro de la règle. Mettons au-dessous et à une certaine distance le curseur plein. Au moment où se produit le battement du pendule, qui indique le commencement d'une seconde, la plate-forme bascule, la masse P descend, et, un instant après, vient frapper le curseur plein. En recommençant un certain nombre de fois cette expérience, on arrive, par tâtonnement, à fixer le curseur plein à une hauteur telle que la masse P vienne le frapper juste une seconde après le moment où la plate-forme a basculé, ce dont on juge au choc de P sur le curseur qui doit coïncider avec le second battement du pendule. Le curseur plein est alors placé devant la division 10 ; ceci nous indique que P est tombé de 10 centimètres en 1 seconde. Recommençons l'expérience et donnons au curseur plein une position telle qu'il soit frappé par P après 2 secondes de chute : cette position correspond à la division 40. Nous trouvons de même qu'il est frappé après 3 et 4 secondes de chute, s'il est placé successivement devant les divisions 90 et 160.

Ainsi en 1, 2, 3, 4 secondes, les espaces parcourus sont respectivement 10, 40, 90, 160 centimètres. Ces espaces sont proportionnels aux carrés du temps employés à les parcourir. » Nous vérifions ainsi le second caractère du mouvement uniformément varié (105).

Les formules des nºˢ 104 et 105 conviennent donc à la chute des corps. En désignant par g, comme on fait toujours, accélération, on a :

$$v = g t \qquad e = \frac{1}{2} g t^2.$$

Il reste à déterminer la valeur numérique de g. On a recours pour cela à l'observation du mouvement du pendule.

115. Appareil de Morin. — Disons auparavant que

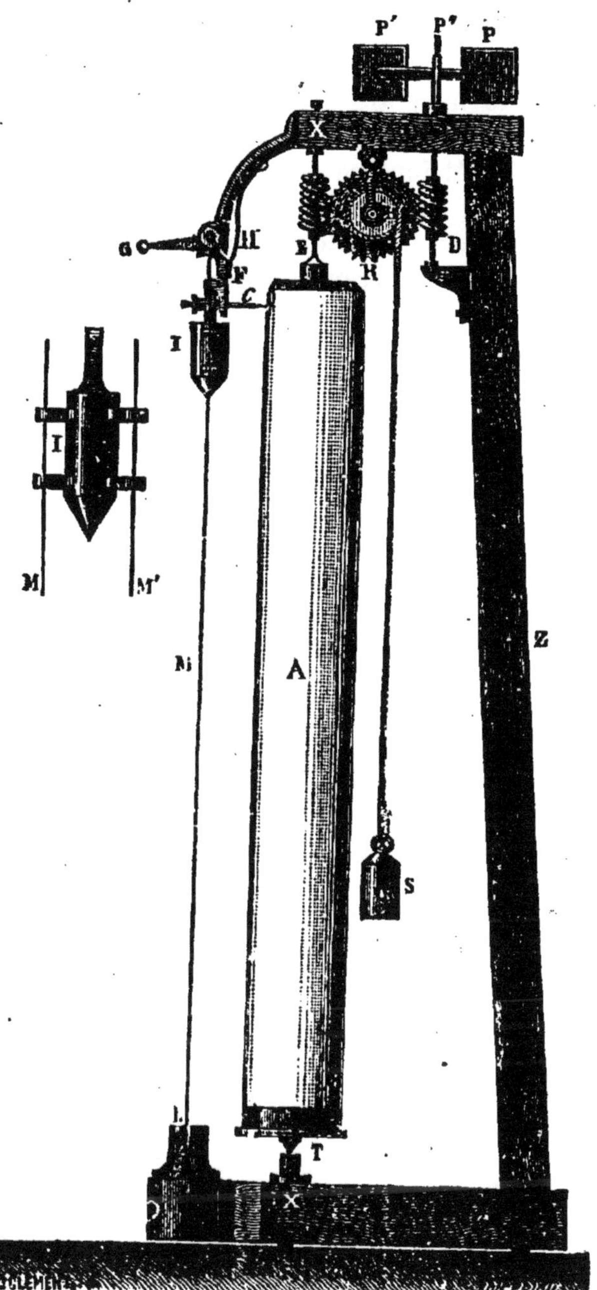

Fig. 93. — Appareil de Morin.

M. Morin a construit un appareil, représenté par la figure 96, dont les différentes pièces, portées par le bâti XZX, ont pour objet de faire tracer sur une feuille de papier, par un corps tombant en chute libre, une courbe qui suffit pour exprimer géométriquement les deux lois du mouvement.

Le corps I est en fonte, il a la forme cylindro-conique, il tombe en glissant sur deux tringles verticales en fer M, M' et ML ; il porte un crayon c appuyé par un petit ressort

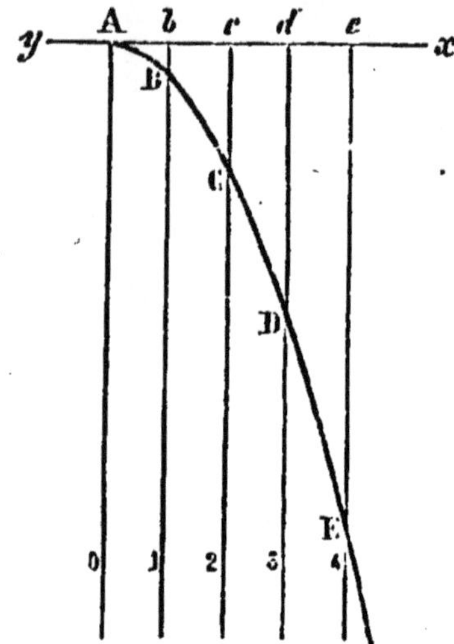

Fig. 97. — Courbe des espaces parcourus.

contre le cylindre A. Ce cylindre, dont l'axe est vertical, peut être mis en mouvement de rotation autour de cet axe T E, par la chute d'un poids S, agissant à la fois sur le système BRE et sur le système DF" PP'. On obtient un mouvement uniforme au moyen des ailettes P et P', par la raison que la résistance de l'air, d'abord assez faible, augmente avec la vitesse de la rotation et finit par contre-balancer l'action du poids moteur. Cela arrive à peu près aux deux tiers de la course de ce poids. A ce moment, on dégage un arrêt GFH qui retient le mobile I ; il tombe et le crayon trace une ligne sur une feuille de papier enroulée autour du cylindre. L'expérience faite, on détache le papier, on le déroule et on n'a plus qu'à étudier la courbe ABCDE (*fig.* 97). Les longueurs A*b*, A*c*, A*d*, A*e*, prises sur la ligne horizontale *y x* représentent les temps écoulés à partir de l'origine du mouvement ; les verticales *b*B, *c*C, *d*D, *e*E représentent les espaces parcourus pendant ces temps. On reconnaît que les verticales sont proportionnelles aux carrés des longueurs horizontales. On vérifie ainsi la loi des espaces, de laquelle on peut déduire la loi des vitesses, non moins sûrement qu'on a déduit de la loi des vitesses celle des espaces.

CHAPITRE III.

PENDULE. — APPLICATIONS.

116. Oscillations du pendule. — Le mouvement du pendule a été observé et défini par Galilée (1), vers l'an 1583. Un pendule est un corps P suspendu au bout d'un fil, lequel est fixé à son extrémité supérieure S (*fig.* 98). Dans une

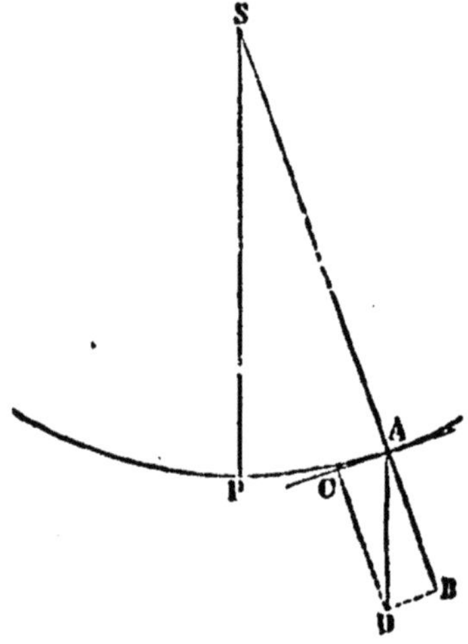

Fig. 98. — Pendule.

étude mathématique, on considère le corps comme réduit à un point et le fil comme dépourvu de poids, et l'on détermine les lois du mouvement que peut prendre un tel système, désigné sous le nom de *pendule simple*. On y ramène ensuite le mouvement d'un pendule réel plus ou moins compliqué.

---

(1) Galilée, né à Pise en 1564, mort à Florence en 1642.

Nous nous contenterons d'observer un pendule composé d'un fil très léger et d'une petite sphère assez pesante, telle qu'une boule de platine. Cet appareil représente avec une approximation suffisante un pendule simple, ayant pour longueur la distance du point fixe S au centre de la boule P. Le pendule est en équilibre lorsque la direction du fil coïncide avec la direction du poids du corps en d'autres termes lorsque le fil est vertical. On écarte le pendule de sa position d'équilibre, et on l'abandonne à lui-même, au point A. Si le corps était libre, il tomberait selon la verticale A D; mais, étant retenu par le fil, il ne peut que tomber en suivant l'arc de cercle A P. Conformément aux théorèmes relatifs à la composition des forces (98), on peut représenter la grandeur du poids du corps par la longueur A D, et remplacer cette force par deux composantes l'une A B, dirigée suivant le fil, l'autre A C suivant la tangente au cercle. La composante A B est détruite par la résistance du fil et ne contribue pas au mouvement. Celui-ci est produit par la composante A C. Le mobile se déplace donc suivant la tangente au point A ; quand il est arrivé au point immédiatement voisin, il se meut par la même raison suivant la nouvelle tangente: de tangente en tangente, il décrit véritablement l'arc A P.

Au point P, le poids est totalement détruit par la résistance du fil. Plus de force pour pousser le corps en avant. Mais, par sa chute du point A au point P, il a acquis une vitesse qui lui fait dépasser le point P. Il s'élève de l'autre côté ; mais alors le poids contrarie l'ascension, la composante tangentielle du poids est à chaque instant opposée au mouvement. Le mouvement finit donc par s'éteindre et le corps s'arrête. S'il n'y avait ni frottement du fil sur son point d'attache, ni résistance de l'air, le point d'arrêt serait à la même distance du point P que le point de départ A. Puis le mobile reviendrait en A, retomberait et ainsi indéfiniment. Mais, par suite des obstacles que nous venons d'indiquer, les points d'arrêts se rapprochent de plus en plus du point P et le corps se fixe de nouveau dans sa position d'équilibre.

Le mouvement alternatif du pendule est ce qu'on appelle un mouvement d'*oscillation*. Une oscillation est le passage d'un point d'arrêt au point d'arrêt consécutif. L'amplitude de l'oscillation est l'angle compris entre les deux directions du fil aboutissant à ces points d'arrêt ou l'arc compris entre ces points. La durée de l'oscillation est le temps nécessaire pour parcourir cet arc.

117. Lois du mouvement du pendule. — Les lois du pendule expriment la dépendance de la durée d'oscillation avec les différentes circonstances qui peuvent affecter le mouvement. On les détermine par des considérations géométriques ou par l'expérience. Nous devons nous en tenir à cette seconde méthode. Seulement il faut supposer que dans ces observations la mesure du temps est faite autrement qu'au moyen d'une horloge à balancier.

1° *La durée des oscillations d'un même pendule, oscillant dans un même lieu, est indépendante de l'amplitude, pourvu que celle-ci soit très petite;* en d'autres termes, les *petites oscillations du pendule sont isochrones*. Pour vérifier cette loi, on écarte légèrement le pendule de sa position d'équilibre ; on lui fait faire, par exemple, des oscillations de deux degrés. On en compte cent et on en marque la durée sur un appareil chronométrique. L'amplitude des oscillations diminuant peu à peu, on note la durée d'une nouvelle série de cent, et ainsi de suite jusqu'à épuisement du mouvement. On trouve la même durée pour chaque série de cent oscillations. On en conclut que toutes les oscillations, prises une à une, durent le même temps.

2° *La durée de l'oscillation est indépendante de la nature et du poids de la substance qui est suspendue au fil.* — On le constate en suspendant au même fil des boules de différentes natures. Cette expérience est équivalente à celle du tube de Newton où l'on fait voir que tous les corps tombent avec la même vitesse, quelle que soit leur nature et leur grosseur.

3° *La durée d'oscillation est, en un même lieu, propor-*

tionnelle à la racine carrée de la longueur. On fait osciller, l'un devant l'autre, les boules à la même hauteur, les points fixes plus haut l'un que l'autre, deux pendules dont l'un est *quatre* fois plus long que l'autre. Partis ensemble, ils reviennent ensemble au point de départ après deux oscillations du plus long et quatre oscillations du plus court. Le plus court oscille donc *deux* fois plus vite que le plus long.

4° *La durée d'oscillation d'un même pendule varie avec la latitude et l'altitude du lieu.* — Ces variations sont très faibles et d'une constatation très délicate.

Les deux dernières lois sont comprises dans la formule suivante, qu'on obtient par l'étude géométrique du pendule simple :

$$t = \pi \sqrt{\frac{l}{g}},$$

dans laquelle t est la durée de l'oscillation en secondes, l la longueur du pendule en mètres, g le nombre exprimant en mètres l'accélération que la pesanteur imprime à tout corps tombant dans le vide, au lieu considéré.

Le pendule se prêtant à une observation très précise de t et de l, la formule précédente, avec les complications qu'elle comporte, quand on l'applique à un pendule composé, permet de déterminer la valeur de g dans différents lieux.

C'est ainsi qu'on a trouvé $g = 9^{m},8096$ à Paris. Le nombre diminue un peu vers l'équateur et augmente un peu vers les pôles. Il diminue aussi quand l'altitude augmente. L'augmentation vers les pôles dépend de deux circonstances : la première, analogue à une diminution d'altitude, est l'aplatissement de la terre aux pôles, d'où il suit que les corps situés aux pôles sont plus rapprochés du centre de la terre qu'étant situés à l'équateur ; la seconde est la force centrifuge, dont l'action va en diminuant de l'équateur aux pôles.

La longueur du pendule qui bat la seconde varie avec les mêmes circonstances ; à Paris, elle est de 99,38 centimètres.

118. Applications du pendule. — La détermination du nombre g est une application importante du pendule.

Une autre application est celle que Huyghens (1) a faite aux horloges de la loi d'isochronisme découverte par Galilée. Le mouvement d'une horloge, étant déterminé par la chute d'un poids, irait en s'accélérant comme la chute elle-même, s'il n'en était empêché par le balancier. Le balancier, au moyen de la pièce F (*fig.* 99) communique son mouvement à *l'ancre d'échappement* K A K', dont les crochets, s'engageant alternativement dans les dents de la roue R, s'opposent à la rotation continue de celle-ci ; à chaque oscillation, une dent D est dégagée et la roue tourne, et bientôt après la dent D' est arrêtée. Les oscillations étant isochrones, la roue et par suite les aiguilles de l'horloge tournent de la même quantité dans le même temps. Le mouvement du balancier est d'ailleurs entretenu par la pression que les dents exercent contre les crochets de l'ancre. On fait avancer l'horloge en diminuant la longueur du balancier, c'est-à-dire en remontant la lentille ; on la fait retarder par l'opération inverse.

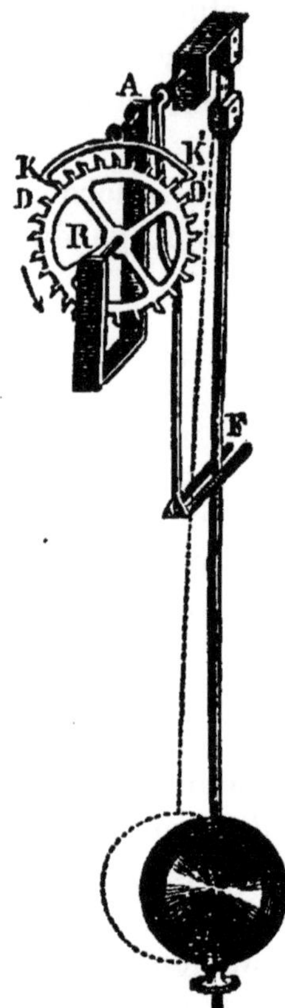

Fig. 99. — Balancier d'une horloge.

En 1851, Foucault a fait servir un grand pendule suspendu sous la coupole du Panthéon, à Paris, à démontrer visiblement le mouvement de rotation de la terre. Le pendule a cette propriété que le plan de ses oscillations demeure invariable malgré la rotation du point d'attache du fil : celle-ci n'a pour effet

(1) Huyghens, né à La Haye en 1629, mort en 1695, passa une grande partie de sa vie en France.

que d'exercer une force de torsion sur le fil, et de le faire tourner sur lui-même ainsi que le pendule. La trace du plan d'oscillation sur le plancher est donc une ligne fixe par rapport à laquelle se déplacent tous les points du sol. Seulement, comme l'observateur partage ce mouvement, il croit voir au contraire tourner le plan d'oscillation ou sa trace. Au Panthéon, la boule du pendule armée d'une pointe échancrait de proche en proche un bourrelet de sable, disposé circulairement autour de la position d'équilibre. L'observateur tournant de l'ouest à l'est, le plan du pendule semble tourner de l'est à l'ouest.

CHAPITRE IV.

TRAVAIL. — FORCE VIVE. — ÉNERGIE.

119. Travail des forces. Travail moteur. Travail résistant. — Dans l'étude des phénomènes dus à la pesanteur, nous avons rencontré toutes les variétés d'effets qu'une force peut produire : un corps posé sur un support, ou suspendu au bout d'un fil, ne se meut pas, mais exerce sur son support une pression ou sur le fil une tension égale à son poids; un corps qui tombe librement ou à la manière d'un pendule prend un mouvement accéléré; si un corps s'élève soit pour avoir été lancé dans l'air, soit dans la demi-oscillation ascendante du pendule, il a un mouvement retardé. Dans le premier cas, le point d'application de la force est immobile; dans le second et le troisième, il se déplace; le déplacement est de même sens que l'action de la force lors de la chute, de sens contraire lors de l'ascension.

Un cas intermédiaire aux deux derniers est celui où le support, non content de subir la pression du corps et d'exercer sur lui une réaction égale, lui procure un mouvement ascensionnel uniforme, le corps étant alors sollicité par deux forces égales et contraires, savoir la réaction du support qui agit de bas en haut et le poids qui agit de haut en bas. Tel est le cas d'un fardeau soulevé par un homme.

L'effet de chacune de ces forces est alors ce qu'on appelle un *travail*. Il se manifeste ici par ce fait que la force, luttant contre une résistance égale, déplace son propre point d'application sans lui communiquer d'accélération.

Dans l'exemple précédent, la main de l'homme produit

un déplacement du fardeau dans le sens de son action. Son travail est appelé travail *moteur* et considéré comme *positif.* Au contraire, le poids du fardeau agit en sens contraire du mouvement : le travail du poids est appelé travail *résistant* et considéré comme *négatif.*

L'exemple d'un ouvrier employé à transporter des pierres d'un point plus bas à un point plus haut fait comprendre que le *travail est proportionnel : 1° à la force qui travaille*, car cette force ne diffère pas du poids des matériaux transportés; 2° *au chemin parcouru dans la direction de la force*, c'est-à-dire dans la direction verticale.

Donc, en supposant toujours que la force agit dans la direction du déplacement et qu'elle est constante, le *travail est proportionnel au produit de la grandeur de la force par la grandeur du chemin parcouru.*

$$\frac{T}{T'} = \frac{F\,e'}{F'e'}.$$

En prenant pour unité le travail d'une force égale à 1 kilogramme déplaçant de 1 mètre son point d'application, c'est-à-dire en prenant $T' = 1$ pour $F' = 1$ et $e' = 1$, on a

$$T = F\,e.$$

et l'on dit que le travail d'une force constante, agissant dans la direction du mouvement, a pour mesure le produit de cette force par le déplacement de son point d'application.

L'unité de travail telle que nous venons de la définir est appelée *kilogrammètre*; et dans l'équation précédente T est un nombre de kilogrammètres, comme F est un nombre de kilogrammes et *e* un nombre de mètres.

Si la direction de la force et la direction du mouvement n'étaient pas confondues dans la même droite, le facteur *e* serait la projection du déplacement sur la direction de la force. Ainsi dans la chute ou l'ascension d'un corps suivant un plan incliné, ou encore dans le mouvement du pendule, le travail s'évalue au moyen du poids et de la projection du chemin parcouru sur la verticale.

Dans le cas où la force serait variable, il y aurait lieu de faire la somme algébrique des travaux pour les intervalles de temps où elle pourrait être considérée comme constante.

120. Force vive. Relation entre le travail et la force vive. — Le travail qu'une force exécute en déplaçant son point d'application, malgré l'opposition d'une résistance, doit avoir une relation déterminée avec la vitesse que cette force communiquerait à la masse résidant en ce point, si la résistance n'existait pas. Cherchons cette relation, en prenant pour exemple la pesanteur.

Supposons deux corps de même poids P, attachés aux deux extrémités du fil d'une poulie. Le poids du fil étant négligeable, ils se font équilibre, et il suffit de la moindre impulsion donnée à l'un d'eux pour qu'ils se mettent en mouvement. Le mouvement serait uniforme sans le frottement et la résistance de l'air. Les choses se passent comme si le poids du corps qui descend était appliqué de bas en haut au corps qui monte, de sorte que celui-ci est dans le même cas qu'un fardeau soulevé avec les mains. Le travail résistant de son poids est P H, quand il est monté de la hauteur H (119). Le travail moteur qui le fait monter est PH. Ce travail est effectué par l'autre poids. Comme celui-ci est égal à P et qu'il parcourt en descendant un chemin H, nous prenons le travail moteur dans ce poids qui descend et nous disons qu'un corps de poids P tombant d'une hauteur H est capable de produire un travail PH, ou que, le travail dû à son poids et à sa chute est P H.

Or, $P = mg$ (111). Si le corps descendant tombait librement, nous aurions (114) d'après les lois de la chute e ou $H = \frac{1}{2} g t^2$ et $v = g t$. Ces relations donnent aisément :

$$PH = \frac{1}{2} mg^2 t^2 \text{ et } PH = \frac{1}{2} m v^2.$$

Le produit $m v^2$ de la masse d'un corps par le carré de la vitesse acquise pendant la chute est ce qu'on appelle la *force vive.* On arrive ainsi à cette proposition que le *travail dû à une hauteur de chute est égal à la moitié de la force vive acquise pendant cette chute.*

En d'autres termes, un corps dont le poids est P, et qui descend verticalement de la hauteur H, produit un travail P H s'il est employé comme poids moteur, ou acquiert une force vive $m v^2$ égale à 2 P H s'il tombe librement.

Les formules des numéros 104, 105 et 110, relatives à une force constante quelconque ne différant pas des formules relatives à la pesanteur qu'on vient d'employer, on en déduit une proposition générale, qu'on appelle le *théorème des forces vives*, savoir que la *force vive acquise par un point matériel est égale au double du travail produit par la force qui agit sur ce point pendant le temps considéré.*

Par une nouvelle généralisation, on étend le théorème à un système de points, et l'on trouve que la force vive acquise par le système est égale à la double somme des travaux de toutes les forces agissant sur les différents points.

Il résulte de là que, dans un système dont le mouvement est uniforme, la vitesse ne changeant pas et par conséquent la force vive ne variant pas non plus, la somme des travaux est nulle, c'est-à-dire que la somme des travaux positifs est égale à la somme des travaux négatifs.

Les deux corps liés ensemble par le fil d'une poulie en est un exemple ; car, si le travail du corps qui descend est + P H, le travail du corps qui monte est — P H, et le travail du système entier est zéro.

121. Rôles des machines. Transmission du travail. — Notre dernière conséquence s'applique directement aux machines. Les machines sont des systèmes de corps qui fonctionnent le mieux possible quand ils sont à l'état de mouvement uniforme. Donc il n'y a point acquisition de force vive pour le système, et la somme des travaux est nulle. Cependant il y a *un travail moteur* et un *travail résistant.* Ces deux travaux sont donc égaux.

Prenons l'exemple du levier. Le travail moteur est celui

de la main qui s'applique à l'extrémité du plus long bras de levier; le travail résistant est celui du fardeau que soulève le petit bras. Considérons un très petit déplacement, afin de pouvoir admettre que les deux forces ont une direction constante, et supposons que cette direction est celle du chemin parcouru par les deux points d'application de la main et du fardeau, le travail de la main est f E, si f est l'effort de l'ouvrier, E l'arc parcouru par l'extrémité du long bras de levier; le travail du fardeau est — F e, si F en est le poids, e l'arc décrit par l'extrémité du petit bras; et l'on a:

$$f\,E = F\,e.$$

Comme les arcs E et e sont proportionnels aux longueurs L et l des bras de levier, on arrive à cette relation, bien connue,

$$f\,L = F\,l,$$

que l'on énonce en ces termes : la puissance et la résistance sont en raison inverse des longueurs des bras de levier. L'expérience confirme cette conclusion.

Quel est dans tout cela le rôle du levier? Il n'a point créé de travail, mais il a transmis le travail de la main au fardeau, en le transformant. Tandis que la main appliquée directement au fardeau eût dû faire un travail représenté par le produit de e et d'un effort F égal au poids du fardeau, qui eût dépassé peut-être les forces de l'ouvrier, la main, agissant par l'intermédiaire du levier, a pu se borner à un effort médiocre f, sous la condition, assez indifférente, de subir un déplacement E plus grand que celui du fardeau.

122. Travail utile. Rendement. — Toute machine a ainsi pour objet de transmettre au point où cela est utile le travail du moteur, que celui-ci soit la force d'un ouvrier, ou celle d'un cheval, ou le poids d'une chute d'eau, ou l'impulsion d'une machine à vapeur.

Malheureusement le travail moteur ne se transforme jamais intégralement en travail utile, c'est-à-dire en travail manifesté par les mouvements que l'on veut produire. Pour s'en convaincre, on fait l'épreuve suivante. D'une part, on évalue le travail moteur, d'après la grandeur de la force mise en jeu et le déplacement de son point d'application. S'il s'agit, par exemple, d'une chute d'eau, on le calcule en faisant le produit du poids de l'eau par la hauteur verticale de la chute; pour une machine à vapeur, on a la pression de la vapeur sur le piston exprimée en kilogrammes et la course du piston. D'autre part, au moyen d'appareils qu'on nomme *freins*, on sait déterminer expérimentalement le travail exécuté par la machine, dans les parties où son travail est utilisé, et cela en lui laissant un mouvement pareil à celui qu'elle a quand elle est en service. On a ainsi la mesure du travail résistant effectué aux points que l'on considère. Or, ce travail résistant recueilli au frein est toujours moindre que le travail moteur.

Le jeu de la machine consomme donc en pure perte une partie du travail moteur. Cette perte est la somme d'une multitude de travaux accessoires ou de forces vives qui se développent dans les pièces mêmes de la machine ou dans son entourage. L'ébranlement de l'appareil et de ses supports, et les vibrations qui se transmettent à l'air et se manifestent par le bruit représentent une certaine quantité de force vive. Le déplacement de l'air par les pièces qui tournent, la flexion de ces pièces, des cordes elles-mêmes correspondent à des travaux résistants. La chaleur développée par le frottement est elle-même une force vive, comme nous le verrons bientôt (125), force vive dont la théorie rend raison en admettant que l'élévation de la température résulte de l'accélération des mouvements moléculaires.

Le travail moteur est donc égal à la somme du travail utile et des travaux ou demi-forces vives dus aux résistances ou mouvements accessoires.

La valeur économique d'une machine dépend du *rapport du travail utile au travail moteur :* ce rapport est appelé le *rendement de la machine.* Le rendement est toujours moindre que l'unité. Il descend souvent à 0,30. On regarde comme satisfaisant un rendement de 0,65; un rendement de 0,85 est exceptionnel.

123. Énergie. — La demi-force vive $\frac{1}{2} m v^2$ possédée, à un moment donné de sa chute, par un corps qui tombe, est aussi appelée l'*énergie actuelle de ce corps.* Énergie signifie capacité de travail: le mot est donc bien choisi, car, si le corps tombe sur un obstacle qu'il puisse mettre en mouvement; s'il s'agit, par exemple, d'une chute d'eau appliquée à une machine, l'eau perdant sa force vive produira dans la machine un travail P H, qui est égal à $\frac{1}{2} m v^2$.

Considérons un corps en repos à une certaine hauteur au-dessus du sol. Ce corps n'a pas d'énergie actuelle; cependant il est capable en tombant d'acquérir de la force vive, laquelle sera susceptible d'être dépensée en travail. Par le fait même de sa position, il est comme dépositaire de toute cette force vive et de tout ce travail: il a en lui une provision d'énergie disponible, ou ce qu'on appelle l'*énergie potentielle*, qui est égale au travail P H dû à la plus grande chute H que le corps pourra jamais faire à partir du point où il est.

Lorsqu'il tombe, l'énergie potentielle se transforme en partie en énergie actuelle: celle-ci est égale à P h, au moment où le mobile a parcouru la hauteur h; il lui reste encore une énergie potentielle égale à P (H — h). Ainsi à chaque instant de la chute le corps possède une énergie actuelle, plus une réserve d'énergie potentielle. La somme des deux est l'*énergie totale*, et celle-ci est égale à l'énergie potentielle du point de départ.

L'énergie potentielle est un fait très général dans la nature: les corps la doivent non seulement à leur position, mais encore à leur forme ou à leur composition chimique. Ainsi un ressort tendu a une énergie potentielle qui devient actuelle au moment de la détente; la poudre a une énergie qui se manifeste par l'explosion au contact d'une étincelle.

Dans tous les cas, l'opération nécessaire pour mettre en jeu l'énergie est un travail minime, un simple déclanchement. Seulement la position, la forme ou la composition qui fait de ces corps des puissances mécaniques, ils ne l'ont acquise qu'au prix d'un travail équivalent à celui qu'ils sont capables de développer: le ressort doit sa forme à l'effort qu'on a fait pour le tendre; la poudre doit sa composition à des phénomènes chimiques, naturels et industriels. La houille elle-même est le siège d'une puissante énergie, car il suffit d'y mettre le feu avec une allumette et de l'abandonner au contact de l'air, pour qu'en continuant à brûler elle développe la chaleur que nous transformons en mouvement par les machines à vapeur. Cette énergie lui vient de la chaleur et de la lumière du soleil, puisque les plantes qui ont fourni de la houille n'ont pu croître et s'assimiler tant de charbon que sous cette double influence.

Au reste la notion de l'énergie des corps se concilie avec celle de l'inertie de la matière par la conception des forces. Un corps considéré isolément est inerte; mais des relations mutuelles des corps naissent ce que nous appelons des forces dont l'énergie se manifeste par divers phénomènes

---

CHAPITRE V.

ÉQUIVALENT MÉCANIQUE DE LA CHALEUR. APPLICATION AUX PRINCIPAUX PHÉNOMÈNES PHYSIQUES.

124. Phénomènes divers où l'on voit la chaleur se substituer à un mouvement ou un mouvement à la chaleur. — Parmi les causes de la différence qui existe entre le travail utile et le travail moteur d'une machine, nous avons cité (122) la chaleur qui accompagne le frottement des pièces les unes sur les autres. La perte de travail est un fait d'expérience; attribuer cette perte à la chaleur produite est une proposition qui ne sera légitime, qu'à la condition de démontrer, par des expériences appropriées, qu'une certaine quantité de travail est équivalente à une certaine quantité de chaleur.

Citons d'abord quelques-uns des faits d'observation qui font pressentir cette équivalence. On frappe une baguette de fer avec un marteau; elle s'échauffe; les forgerons se procurent ainsi du feu en battant le fer jusqu'à le faire rougir. Un lingot de plomb traité de la même manière fondrait. Une balle de plomb, lancée par un fusil contre une cible, s'éparpille en gouttes de plomb fondu. Un boulet de fer, frappant la cuirasse d'un navire, s'y enfonce et s'échauffe jusqu'au rouge. La conclusion de ces expériences est celle-ci: toutes les fois qu'un corps animé d'un mouvement est brusquement arrêté, l'arrêt est accompagné d'une élévation de température de ce corps, et, par conséquent, d'une production de chaleur.

Une balle élastique, rebondissant sur un plan, ne s'échauffe pas: au mouvement de chute se substitue le mouvemen d'ascension. Pour la même raison, l'enclume et le marteau s'échauffent peu : le marteau rebondit, l'un et l'autre s'ébranlent et vibrent après le choc.

Le frottement donne lieu à des observations du même genre. Les exemples sont nombreux et familiers : échauffement d'un bouton de métal frotté sur une table, d'une lime, d'une scie, des essieux de voiture, des tourillons d'une machine, des freins, de toutes les pièces qui frottent les unes sur les autres. Citons aussi le briquet à silex. Joignons à ces exemples l'expérience suivante de Tyndall (*fig.* 100):

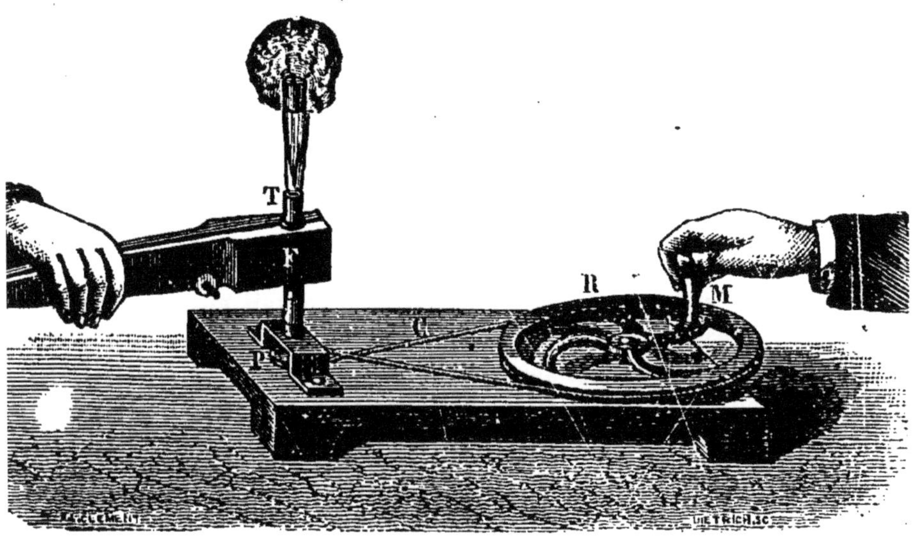

Fig. 100. — Chaleur due au frottement.

au moyen de la manivelle M et des deux roues R et P reliées entre elles par la corde C, on fait tourner le tube T, plein d'eau, fermé par un bouchon, entre deux plaques de bois F formant machoire. L'eau échauffée par le frottement du tube contre les plaques finit par bouillir et la vapeur fait sauter le bouchon.

Un gaz que l'on comprime en poussant sur lui un piston s'échauffe : exemple, le briquet à air.

Les cas inverses où l'on emploie la chaleur pour produire du mouvement ne sont pas plus rares : telle est la chaleur de fusion des corps solides, la chaleur de vaporisation de l'eau et des autres liquides. Un gaz comprimé dans un réservoir, qu'on laisse sortir par une ouverture et qui, refoulant l'air extérieur, le met en mouvement, absorbe pour cela de la chaleur qu'il prend à lui-même ; il se refroidit donc dans le réservoir et autour de l'orifice. S'il est humide, la vapeur que le jet contient se congèle et dépose du givre sur les objets voisins.

Ainsi un mouvement arrêté peut être remplacé par de la chaleur ; une dépense de chaleur peut produire un mouvement.

125. Équivalence de la chaleur et du travail. — Il reste à voir quelle est la quantité dépendant du mouvement qui est remplacée par la chaleur. Est-ce la vitesse v, ou la quantité de mouvement mv, ou la demi-force vive $\frac{1}{2} m v^2$, laquelle est égale à un travail ? L'exemple des machines, où l'on voit se perdre une partie du travail moteur d'autant plus grande que les pièces s'échauffent plus par le frottement, donne à penser que l'équivalence s'établit entre la chaleur et le travail, ou, ce qui revient au même, entre la chaleur et la force vive due au mouvement. C'est ce qui a été démontré en effet par les créateurs de la théorie mécanique de la chaleur. Précisons les idées sur ce point. Supposons qu'une masse de plomb tombe d'une certaine hauteur sur un plan, qu'elle s'y applique et s'échauffe; négligeant les circonstances accessoires d'ébranlement et de déformation, supposons qu'on recueille la chaleur produite dans la balle et qu'on la mesure par les procédés ordinaires de la calorimétrie: elle sera exprimée par un certain nombre de calories. D'un autre côté, le plomb, au moment de l'arrêt, avait une force vive $m v^2$, v étant la vitesse à ce moment et m sa masse. La question est de savoir s'il existe un rapport constant entre la force vive éteinte et le nombre de calories produites. Ou bien encore, le plomb ayant un poids P et tombant d'une hauteur H serait capable, au moment où il s'arrête, de transmettre son mouvement à un morceau de plomb de même poids P, qui s'élèverait à la hauteur H, et par conséquent produirait le travail P H. Ce travail étant égal à la demi-force vive $\frac{1}{2}mv^2$, la question peut se poser ainsi : y a-t-il un rapport constant entre le travail perdu et la chaleur créée ?

Toutes les expériences ont démontré que ce rapport existe effectivement. On l'appelle l'*équivalent mécanique de la chaleur*. On l'a trouvé égal à 425 : c'est-à-dire que pour une seule calorie produite, il faut dépenser un travail de 425 kilogrammètres. Quelles sont ces expériences ?

126. Calorimétrie; méthode des mélanges; calorie. — Pour l'intelligence de cette démonstration et des expériences qui l'ont fournie, il est nécessaire de se rappeler les principes de calorimétrie qui ont été exposés dans le cour de 3e (page 261 et suivantes).

On mesure les quantités de chaleur par la méthode des mélanges et on les exprime au moyen d'une unité appelée *calorie* qui est la quantité de chaleur nécessaire pour élever de 0° à 1° un kilogramme d'eau.

Pour déterminer cette quantité de chaleur, il est permis de chauffer de l'eau de 0° à 10°, par exemple, ou de 10° à 20° et de prendre le dixième de la chaleur qui produit ces élévations de température. L'expérience prouve en effet que, jusqu'à 60 degrés environ, chaque degré exige la même quantité de chaleur ; et cette expérience consiste à mélanger 1 kilogramme d'eau à 0° avec un kilogramme d'eau à 20° et à noter la température finale du mélange qui est de 10° : d'où il suit que la même quantité d'eau prend autant de chaleur pour s'échauffer de 0° à 10° qu'elle en perd pour se refroidir de 20° à 10°.

Soit maintenant une source de chaleur quelconque, mise en rapport avec une quantité d'eau dont le poids et la température sont connues, dans de telles conditions que la chaleur émise par la source soit absorbée par l'eau et employée à élever la température de cette eau. Si le poids de l'eau est de 3 kilogrammes et si elle s'échauffe de 5°, elle aura absorbé une quantité de chaleur exprimée par 15 calories ; et par conséquent la source aura perdu elle-même 15 calories. Tel est le principe de la méthode des mélanges. On l'applique à la détermination des *chaleurs spécifiques* des corps, des *chaleurs de fusion*, des *chaleurs de vaporisation*, des chaleurs produites par les combinaisons chimiques, etc. Nous allons voir comment on l'a fait servir à la détermination de l'équivalent mécanique de la chaleur.

127. Expériences propres à déterminer l'équivalent mécanique de la chaleur. — Le premier savant qui ait eu une idée nette de l'équivalent et qui ait essayé de le mesurer est M. Mayer, médecin à Heilbronn (1841). Les premières expériences qui en aient donné une valeur exacte sont celles du physicien anglais M. Joule (1845).

L'une des parties de l'appareil est le vase en laiton C C, fermé par le couvercle U et U et rempli d'eau pour servir de calorimètre (*fig.* 101). Un axe vertical de laiton G K, traversant l'ouverture assez large du couvercle est maintenu par un support A A, en bas au moyen d'un pivot, en haut par une ouverture à frottement doux, le tout baigné complètement par l'eau. L'axe porte huit rangées de palettes *pppp*, destinées à agiter l'eau et à créer de la chaleur par le frottement de l'eau sur elle-même, de l'eau sur les palettes, de l'axe sur son support. Les pièces *qq* attachées au support AA sont des valves fixes empêchant l'eau de prendre un mouvement de rotation continue. Un thermomètre plonge dans l'eau du vase. On peut donc savoir dans chaque expérience que tel poids d'eau s'échauffe de tel nombre de degrés en absorbant la chaleur due au frottement. Par le produit du poids de l'eau et de l'élévation de température, on a le nombre de calories. Il faut toutefois y ajouter la quantité de chaleur prise par le vase lui-même, et par les palettes, qu'on sait déterminer par l'expérience.

L'autre partie de l'appareil a pour objet de mesurer le

travail dépensé pour produire toute cette chaleur. Un cylindre de bois B, qui est, avant l'expérience, déposé sur un support S, est mis en place au moyen de la manivelle M et lié à l'axe par la goupille G. Sur ce cylindre s'enroulent en sens inverse deux cordons, qui s'enroulent aussi sur deux

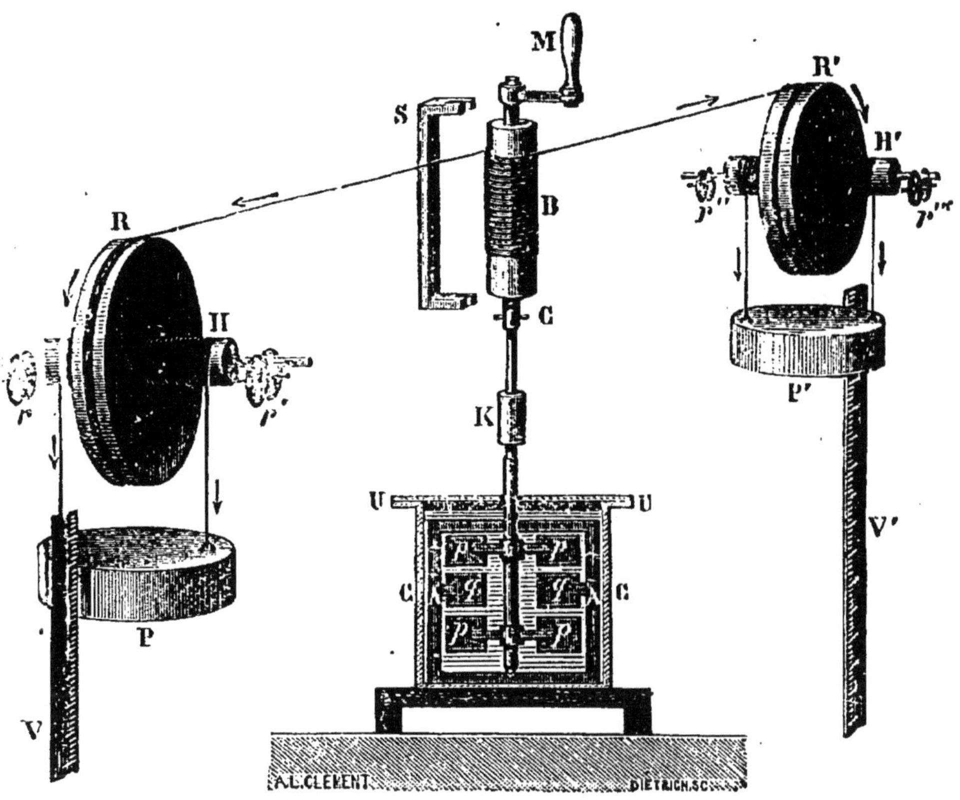

Fig. 101. — Expériences de Joule.

roues R, R', lesquelles reposent par l'intermédiaire des axes H,' H sur un système de doubles poulies *r*, *r'*, *r''*, *r'''*. Autour de ces axes sont enroulés des cordons supportant des poids égaux P, P', mobiles le long des règles verticales V, V'. Le produit de la somme des poids par la hauteur de la chute représente le travail effectué. Toutefois ce produit exige plusieurs corrections : les poids ont une certaine vitesse, par conséquent une certaine force vive quand ils arrivent au bas de la règle, et de plus une petite partie du travail a été consommée par le frottement des cordes et des poulies : il est possible de déterminer ces corrections par l'expérience. En diminuant d'autant le travail observé, on a la mesure du travail qui a été dépensé uniquement pour produire le nombre de calories mesurées dans le calorimètre.

D'autres expériences ont eu pour objet, au contraire, de transformer la chaleur en travail. Telles sont les expériences de M. Hirn sur les machines à vapeur. La vapeur qui passe de la chaudière dans le cylindre pour faire mouvoir le piston (voir le cours de 3me) représente une certaine quantité de chaleur, qu'on évalue d'après la quantité de cette vapeur et sa température. La vapeur sort ensuite du cylindre, va au condenseur et lui apporte de la chaleur, qui échauffe l'eau et qu'on évalue d'après le poids de cette eau et son élévation de température, en tenant compte des pertes accidentelles. On mesure d'un autre côté par des procédés mécaniques le travail du piston pendant le temps qu'a duré l'expérience. Or il arrive toujours que la chaleur reçue par le condenseur est moindre que la chaleur fournie par la chaudière. Cette différence n'existerait pas si la vapeur passait de la chaudière dans le condenseur, par l'intermédiaire du cylindre, sans mettre le piston en mouvement et sans faire travailler les pièces qui lui sont associées.

Quel que soit le mode d'expérience, on trouve un nombre approchant de 425 pour le rapport entre le nombre de kilogrammètres dépensés ou obtenus et le nombre des calories obtenues ou dépensées. Le nombre 425 est la moyenne des meilleures déterminations.

128. Applications du principe de l'équivalence aux phénomènes physiques.— Le principe de l'équivalence permet de comprendre dans un même point de vue tous les effets physiques de la chaleur. Ces effets sont : 1° la dilatation des corps avec élévation de température ; 2° la fusion ; 3° la vaporisation et les phénomènes inverses.

Dilatation. Élévation de température. — Quand un corps se dilate, il accomplit un *travail extérieur* en déplaçant les points d'application des pressions qui agissent à sa surface, par exemple de la pression atmosphérique ; il accomplit un *travail intérieur*, par cette raison que les molécules du corps se déplacent les unes par rapport aux autres en dépit des actions mutuelles qui agissent entre elles pour les maintenir dans leurs positions primitives; enfin le corps s'échauffe. Cet ensemble de phénomènes s'accomplit aux dépens de la chaleur que le corps absorbe et que l'on sait mesurer par la méthode des mélanges. S'il était démontré que le travail extérieur et le travail intérieur ne valent pas ensemble le travail total équivalent à cette chaleur, il faudrait en conclure que l'échauffement du corps est lui-même un travail ou plutôt un accroissement de force vive, qu'on attribuerait sans peine à une accélération du mouvement des molécules.

Cette démonstration ne peut pas être faite pour les solides ni les liquides, parce que l'on ne connaît pas assez les forces moléculaires d'où procède le travail intérieur. La question se simplifie à l'égard des gaz, par suite de cette circonstance que, dans un gaz qui se dilate, le travail intérieur est nul, au moins dans les mêmes limites d'approximation où se vérifie la loi de Mariotte.

M. Joule l'a démontré par l'expérience suivante: Deux vases A et A′, joints par un tube à robinet R, sont plongés dans un même calorimètre plein d'eau et muni de thermomètres (*fig.* 102). L'un de ces vases est vide, l'autre contient de l'air comprimé à 20 atmosphères. On ouvre le robinet, l'air se précipite dans le vase vide, l'équilibre de pression s'établit entre les deux vases et la température ne change pas dans l'eau du calorimètre. Donc la dilatation de l'air, accomplie dans les conditions où elle n'est accompagnée d'aucun travail extérieur, n'absorbe pas de chaleur et par conséquent ne correspond à aucun travail.

Cela posé, qu'on échauffe un gaz dans un vase, où il devra par sa dilatation soulever un piston et le poids de l'atmosphère; on pourra calculer le travail extérieur et mesurer la quantité de chaleur absorbée par le gaz. Or celle-ci est plus grande que la chaleur équivalente au travail. Donc une partie de cette chaleur ou du travail qu'elle re-

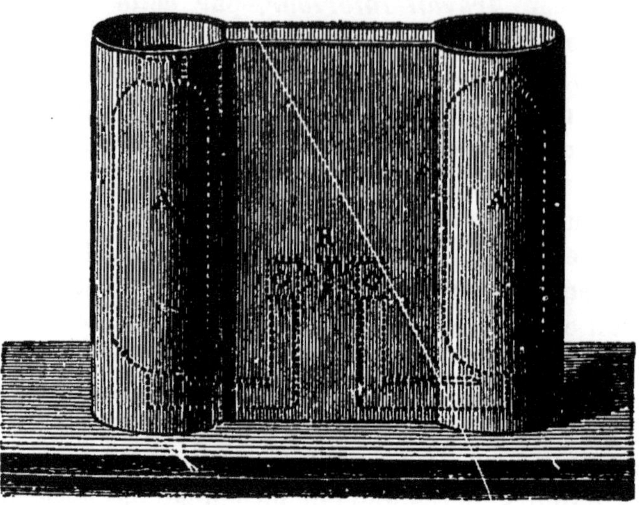

Fig. 102. — Expériences de Joule.

présente, à raison de 425 kilogrammètres par calorie, est absorbée par l'élévation de température. Il est donc établi que l'élévation de température qui accompagne la dilatation d'un corps est un phénomène de mouvement moléculaire.

Fusion et vaporisation. — La chaleur absorbée par la fusion ou la vaporisation d'un corps, lorsque la température est devenue constante, représente le travail intérieur que les molécules ont à faire, malgré la résistance des forces moléculaires, pour passer de l'état solide ou liquide à l'état liquide ou gazeux.

Compression des gaz. — Un gaz comprimé dans le briquet à air, par exemple, dégage de la chaleur, par la raison que le travail effectué par l'opérateur pour enfoncer le piston n'est point remplacé par un travail équivalent et de signe contraire : il est donc remplacé par un accroissement de force vive manifesté sous la forme de chaleur.

Dilatation des gaz avec travail extérieur. — Un gaz comprimé dans un réservoir se refroidit beaucoup en s'échappant au dehors et refroidit les corps voisins. Si le gaz est liquéfié, le froid qui accompagne la dilatation peut aller jusqu'à congeler le gaz lui-même, comme dans le cas de l'acide carbonique. Le refroidissement représente ici le travail que le gaz est obligé de faire pour refouler l'atmosphère qui s'oppose à son expansion.

Dans l'expérience de M. Joule, citée ci-dessus, si les deux réservoirs sont placés dans deux calorimètres distincts, on voit le thermomètre s'élever dans le calorimètre du vase vide, parce que l'air perd sa vitesse dans ce vase après y être entré, et baisser dans le calorimètre du vase à air comprimé, par suite du travail que l'air y fait pour chasser les parties qui vont à l'autre réservoir. Seulement, les deux variations de température sont égales et se compensent.

129. Applications du principe de l'équivalence aux phénomènes chimiques. — Plusieurs physiciens, et dans ces derniers temps M. Berthelot, ont appliqué la méthode des mélanges à la mesure des quantités de chaleur qui sont produites ou absorbées pendant les actions chimiques.

La figure 103 représente le calorimètre de M. Berthelot. GG est un petit vase en platine, où s'accomplit l'action chimique, autour d'un thermomètre O fixé au couvercle C ; EEC′ est un vase en laiton argenté, servant d'enveloppe au précédent ; HHC″ est une seconde enveloppe en fer-blanc, elle est à double paroi et entre les deux parois se trouve une grande masse d'eau destinée à maintenir la température constante autour du vase de platine, malgré les petites variations extérieures et la présence de l'opérateur. L'eau est agitée par les palettes AA, le thermomètre *t* en marque la température. On calcule la chaleur due à l'action chimique d'après le poids du liquide contenu dans le vase GG.

M. Berthelot, en multipliant les expériences, a reconnu que, si l'on met en présence plusieurs corps capables de

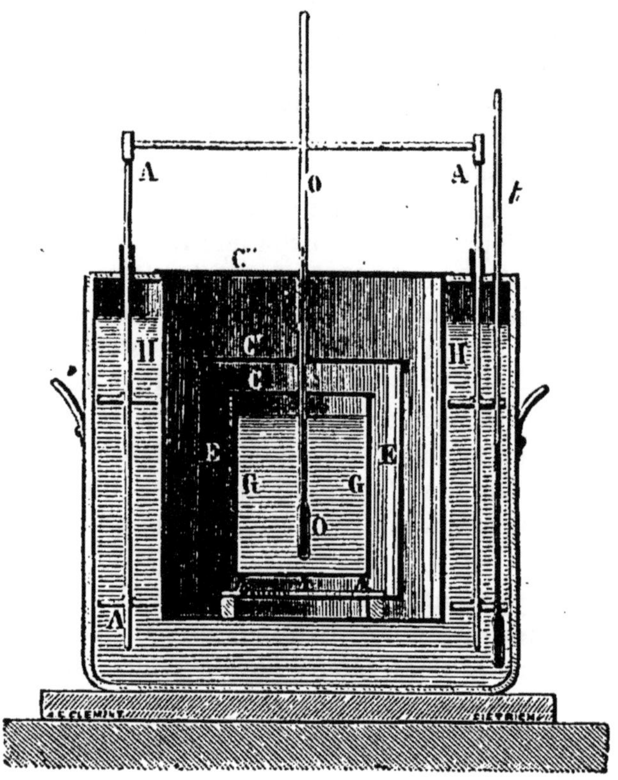

Fig. 103. — Calorimètre de M. Berthelot.

réagir entre eux, les composés qui prennent naissance correspondent à la réaction qui dégage le plus de chaleur.

En général, deux corps qui se combinent dégagent de la chaleur. Ils sont dans le même cas que deux corps lancés l'un contre l'autre, et qui se rencontrent, en transformant alors en chaleur leur force vive.

Chaque combinaison est caractérisée par la quantité de

chaleur qui l'accompagne : cette quantité de chaleur est la mesure de l'affinité qui existe entre les deux corps.

Toutefois, il n'est pas rare que des corps se combinent avec absorption de chaleur.

Tout composé qui s'est formé avec dégagement de chaleur exige, pour être décomposé, l'intervention d'une énergie étrangère équivalente à cette chaleur, soit de la chaleur, soit de l'électricité. Au contraire, les composés qui se sont formés avec absorption de chaleur dégagent de la chaleur quand ils se défont : c'est le cas des substances explosives.

La combinaison de deux corps se fait quelquefois dès qu'ils sont en présence, sans aucune intervention étrangère : le potassium, par exemple, s'oxyde au contact de l'air. D'autres fois, la réaction doit être déterminée par un travail préliminaire, tel qu'une élévation de température, le contact d'une allumette enflammée ou d'une étincelle électrique, ou l'action d'un rayon de soleil. L'hydrogène et l'oxygène, l'hydrogène et le chlore en sont des exemples. Ce travail préliminaire n'a aucun rapport de grandeur avec la chaleur qui se dégage de la combinaison : c'est comme le déclanchement qui permet à un ressort de se détendre ou à un corps de tomber.

Par ces considérations, les phénomènes chimiques rentrent dans la mécanique.

130. Application aux phénomènes physico-chimiques de la pile. — Favre a placé dans un calorimètre un élément de pile, formé par une lame de zinc, une lame de platine et de l'eau acidulée, en ayant soin de réunir les deux lames par un fil de cuivre gros et court. Il a trouvé que la dissolution de 33 grammes de zinc produit une quantité de chaleur capable d'élever d'un degré 18680 grammes d'eau, ou égal à $18^{cal},680$. Il a remplacé le fil gros et court par un fil mince et long, replié en hélice : pour la même quantité de zinc dissous, il a eu moins de chaleur dans la pile, mais aussi le fil s'est échauffé : l'ayant placé dans un calorimètre voisin, il a reconnu que la chaleur totale developpée dans la pile et dans le fil est la même que précédemment. Ces expériences établissent l'équivalence des affinités chimiques développées dans la pile et de la chaleur dégagée dans la totalité du circuit, à la condition que le courant n'accomplit aucun travail extérieur.

On a introduit dans le circuit une très petite machine électro-magnétique employée à produire l'ascension d'un poids. Dès lors la chaleur dégagée par la pile, le circuit et la machine a été moindre que $18^{cal},680$ pour 33 grammes de zinc dissous. Dans cette dernière expérience une partie du travail dû aux affinités chimiques se transformait en travail mécanique.

130 *bis*. **Application aux machines électriques.** — Lorsqu'on met en mouvement le plateau d'une machine électrique, l'électricité acquiert bien vite un état d'équilibre sur les conducteurs, s'ils sont isolés. Dès lors, abstraction faite des pertes accidentelles, l'opérateur n'a plus à fournir que le travail mécanique de la rotation. Mais, si l'on met les conducteurs en communication avec des corps sur lesquels elle agit en les traversant, l'opérateur doit fournir en outre le travail de l'électricité. Ce travail est la rupture d'un corps, l'échauffement ou la volatilisation d'un fil, ou seulement une succession d'étincelles. Avec la machine de Stoltz, où le mouvement du plateau n'est pas entravé par le frottement des coussins, on sent très bien à la main que l'effort, presque nul quand la machine fonctionne à vide, devient appréciable au moment où l'on rapproche les boules de décharge pour faire jaillir entre elles une suite d'étincelles.

CHAPITRE VI.

MACHINE A VAPEUR; CONDENSEUR; DÉTENTE.

131. Machine à vapeur. — Ce sujet a été traité dans notre volume destiné à la classe de troisième; nous y renvoyons.

CHAPITRE VII.

PRINCIPE DES MACHINES MAGNÉTO-ÉLECTRIQUES. TRANSMISSION DE LA FORCE.

132. Idée des machines électro-magnétiques. — Dans une machine ordinaire, telle que le levier, l'énergie musculaire de l'ouvrier se transmet, sous la forme d'un travail, de la main au fardeau, par l'intermédiaire d'une barre de fer.

Dans la machine à vapeur, l'énergie contenue dans le combustible prend la forme d'un travail par l'intermédiaire de la vapeur qui presse le piston et le met en mouvement.

Nous avons cité (130) une expérience dans laquelle l'énergie chimique mise en jeu dans une pile se manifeste, partie en chaleur, partie en travail mécanique, par l'intermédiaire d'un courant électrique.

La production du travail par les courants électriques a été réalisée dans plusieurs appareils qu'on peut appeler *électro-magnétiques*, parce que le courant y est employé pour aimanter des électro-aimants, et que le mouvement naît entre les noyaux de ces électro-aimants et leurs armatures. Ce genre de machines n'ayant pas eu beaucoup d'applications, nous nous bornons à indiquer la disposition de celle qu'on appelle la machine Page (*fig.* 101).

Fig. 101. — Machine électro-magnétique de Page.

Deux électro-aimants A et B reçoivent l'un après l'autre le

courant d'une pile. Leur noyau de fer est creux. Ils attirent alternativement deux cylindres de fer doux C et D, portés par un cadre, qui se relie lui-même avec une bielle, une manivelle, un volant et un axe où le mouvement des cylindres devient un mouvement de rotation. Le passage alternatif du courant dans l'un et l'autre électro-aimant est déterminé par le jeu même de la machine, comme le mouvement du tiroir dans une machine à vapeur.

Dans ces machines, le zinc consommé par la pile coûte beaucoup plus cher que le charbon brûlé dans une machine à vapeur pour le même travail.

133. Machines magnéto-électriques. — Les machines magnéto-électriques ont pour objet de transformer un travail mécanique en électricité, par conséquent en chaleur, en lumière ou en réactions chimiques. Le principe de ces machines consiste à faire passer une bobine devant les pôles d'un aimant permanent, afin d'obtenir un courant d'induction dans le fil de cette bobine.

Machine de Clarke. — La machine de Clarke (*fig.* 105) a servi de type à un grand nombre d'appareils successivement perfectionnés. Elle comprend un aimant en fer à cheval, dont les branches sont A et B; deux bobines à noyau de fer doux C et D, mobiles autour d'un axe horizontal, perpendiculaire au plan de l'aimant; une roue E reliée avec le pignon de l'axe par une chaîne et munie d'une manivelle F. Dans sa partie antérieure, l'axe G est recouvert d'abord d'un cylindre en ivoire, puis d'une virole en cuivre, laquelle est par conséquent isolée de l'axe. Un seul fil est enroulé autour des deux bobines, en sens contraire de l'une à l'autre et les extrémités de ce fil aboutissent l'une à l'axe, l'autre à la virole : c'est là qu'on adapte les deux fils conducteurs H et K destinés à transmettre le courant. A la condition que les électrodes H et K soient jointes, un courant naît par induction dans chacune des bobines, par la raison que le mouvement de rotation tantôt les rapproche d'un pôle de l'aimant, tantôt les en éloigne. Il est à remarquer que l'une se rapproche et l'autre s'éloigne en même temps du même pôle : l'induction serait donc de sens contraire dans les deux qobines si le fil y était enroulé dans le même sens, et le

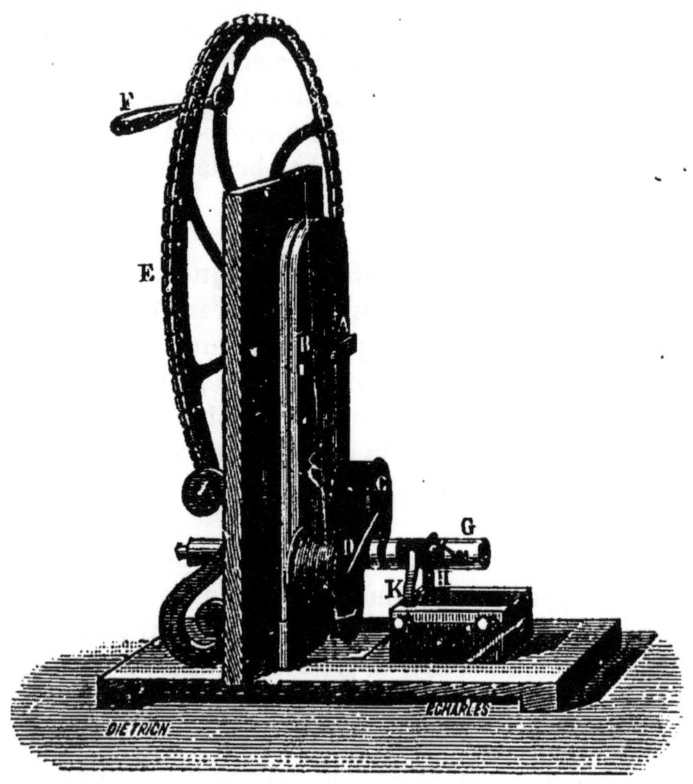

Fig. 105. — Machine magnéto-électrique de Clarke.

courant résultant serait nul. L'enroulement inverse fait que les deux courants s'accordent.

Pour nous rendre compte du sens du courant dans l'une des bobines, supposons qu'elle soit en face de l'un des pôles de l'aimant, son noyau est alors aimanté au maximum et cette aimantation peut être attribuée à des courants particulaires orientés dans ce noyau. La bobine s'éloignant du pôle, l'aimantation du noyau diminue, ou, si l'on veut, les courants particulaires ont une intensité décroissante. Ils font donc naître par induction dans le fil de la bobine un courant direct par rapport à ces courants particulaires. Cela dure jusqu'à ce que la ligne des bobines soit en croix avec la ligne des pôles; à partir de ce moment la bobine s'approche de l'autre pôle de l'aimant; son noyau s'aimante en sens inverse de tout à l'heure, les courants particulaires y augmentent en changeant aussi de sens; ces courants dont l'intensité augmente provoquent dans le fil de la bobine un courant inverse par rapport à eux, et par conséquent de même sens que le courant né pendant le premier quart de la révolution. Ainsi pendant une demi-révolution de la bobine, depuis un pôle de l'aimant jusqu'à l'autre pôle, le fil est le siège d'un courant dont le sens est le même pendant tout ce temps. Les mêmes raisons font naître pendant la demi-révolution suivante un courant contraire au premier. En définitive, la machine fournit, au circuit représenté par le fil de la bobine, l'axe, la virole extérieure et les deux électrodes réunies, une série de courants alternatifs.

On peut faire au moyen d'un *commutateur* que les deux courants passent aux électrodes dans le même sens l'un que l'autre. Sur le cylindre d'ivoire qui enveloppe une partie de l'axe, on applique deux demi-viroles de cuivre, dont l'une communique avec l'axe, l'autre avec la virole extérieure : les lignes de séparation correspondent aux bobines, de sorte que les demi-viroles sont l'une en haut, l'autre en bas lorsque les bobines sont placées devant les pôles de l'aimant. Les électrodes H et K, faisant ressort, s'appuient sur ces deux viroles. Par exemple, l'électrode H touche la demi-virole qui communique avec l'axe, pendant toute une demi-révolution des bobines entre un pôle et l'autre, et le courant passe avec un certain sens dans le circuit extérieur. Pendant la demi-révolution suivante, où le sens du courant est changé dans la bobine, c'est la demi-virole communiquant avec la virole extérieure qui se présente au contact de l'électrode H. Ainsi le courant prend dans la partie extérieure du circuit le même sens qu'il avait dans la première demi-révolution.

Le courant de la machine, soit alternatif, soit de sens constant, produit des effets semblables à ceux des piles. Un fil fin de métal tendu entre les deux électrodes s'échauffe et rougit. Si l'on ménage une petite interruption entre l'axe et l'une des électrodes, on y voit des étincelles. Les électrodes étant des fils de platine plongés dans l'eau acidulée,

Fig. 106. — Machine de Gramme.

cette eau est décomposée et, dans ce cas, l'emploi du commutateur est nécessaire pour la séparation des deux gaz.

La machine de Clarke a été l'objet de perfectionnements multipliés qui en ont fait une machine très puissante.

Machine de Gramme. — La machine de Gramme, dite de laboratoire (*fig.* 106), est aussi une machine magnéto-électrique ; mais elle diffère totalement du type précédent.

La pièce mobile est un anneau de fer doux, embrassé par plusieurs bobines semblables B, formées par le même fil, qui va de l'une à l'autre s'enrouler dans le même sens. Seulement la fin du fil d'une bobine et le commencement du fil d'une bobine voisine, se détachant de l'anneau, se relient à une tringle métallique, qui se dirige d'abord vers le centre de l'anneau, puis à angle droit ; si bien que l'ensemble de ces tiges isolées les unes des autres, mais rapprochées en faisceau, forme un cylindre *c* perpendiculaire au plan de l'anneau, qui tourne avec lui et prend le nom de *collecteur*. L'anneau est placé entre les deux pôles d'un aimant en fer à cheval A, dans le plan des deux branches: on le fait tourner avec une manivelle M ou une pédale. En deux points du collecteur, pris sur une ligne qui est en croix avec celle des pôles, s'appuyent deux *frotteurs* en fils de cuivre FF, qui sont le point de départ des électrodes EE. Ces électrodes étant jointes reçoivent de la machine un courant continu qui a toujours le même sens.

L'anneau de fer doux est aimanté de façon qu'il a toujours en face des pôles de l'aimant des pôles de nom contraire, et deux lignes neutres à égale distance de ces pôles. Quoique l'anneau tourne en même temps que les bobines, la fixité des pôles de l'anneau permet de considérer les bobines comme étant dans le même cas que si elles glissaient le long de l'anneau, se rapprochant et s'éloignant alternativement de ces pôles. De là des courants induits dans les bobines. Ces courants sont de même sens dans toutes les bobines placées sur la moitié de l'anneau qui regarde chacun des pôles de l'aimant ; mais ils sont de sens contraire dans les bobines de l'une et l'autre de ces moitiés, séparées par les deux lignes neutres. Les deux groupes de bobines sont donc dans le même cas que deux piles qui se présenteraient face à face, les pôles de même nom en regard ; et le collecteur est comme s'il recevait en deux points placés en croix avec les pôles de l'aimant le double courant de ces piles. Les frotteurs reçoivent ces deux courants, qui s'ajoutent en allant aux électrodes.

134. Machine de Gramme. Type d'atelier. Machine dynamo-électrique. — Les machines de Gramme que l'industrie emploie aujourd'hui couramment, particulièrement pour l'éclairage électrique et pour la galvanoplastie, ont toujours l'anneau, les bobines, le collecteur et les frotteurs. Il n'y a plus d'aimant, du moins en apparence, et c'est pourquoi on les nomme *dynamo-électriques*.

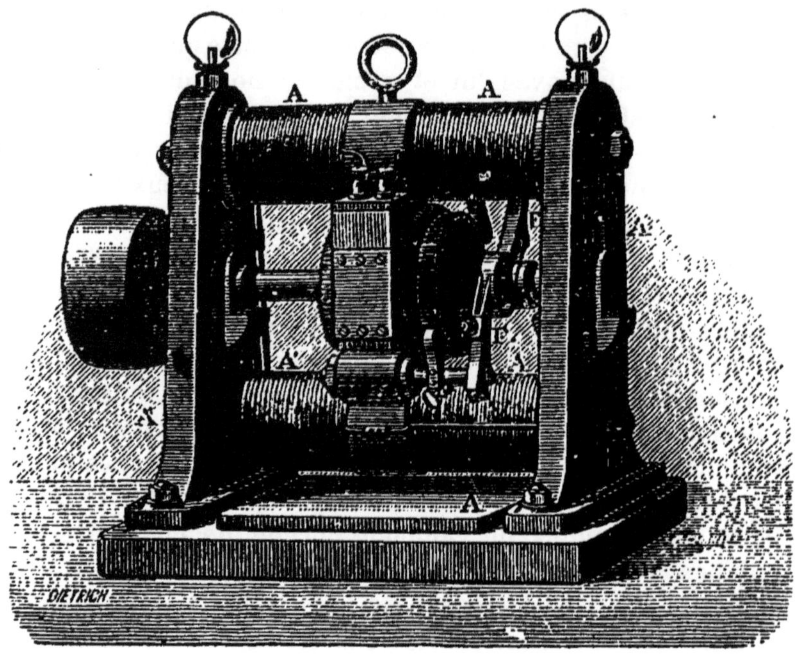

Fig. 107. — Machine Gramme.

L'aimant est remplacé par deux forts électro-aimants AAA, A'A'A', en fer à cheval (*fig.* 107), ayant chacun deux bobines, l'une supérieure et l'autre inférieure, de façon que les bobines de l'électro-aimant qui est à droite et celles de l'électro-aimant qui est à gauche se rapprochent par leurs surfaces polaires; les surfaces en regard ont le même pôle quand les bobines sont traversées par le même courant: elles sont donc garnies de la même armature. L'anneau tourne entre les deux armatures, supérieure et inférieure. Une trace d'aimantation qui persiste dans les noyaux de ces électro-aimants, ou qui leur est communiquée par la terre, suffit pour aimanter l'anneau et produire l'induction dans les bobines, d'abord très faiblement. Mais le fil des bobines de l'anneau et le fil des électro-aimants sont joints ensemble de façon à former un même circuit. Le faible courant né dans les bobines de l'anneau renforce donc l'aimantation des électro-aimants : de là résulte une induction plus forte, et ainsi de suite. L'intensité des courants recueillis par les frotteurs F, F croît ainsi jusqu'à une limite qui dépend de la vitesse de rotation de l'anneau. Le mouvement est communiqué à la machine par une machine à vapeur.

135. Transmission de l'énergie. — La machine Gramme employée comme nous venons de le dire transforme en chaleur, en lumière, en actions chimiques le travail qu'elle reçoit de la main de l'homme ou d'une machine à vapeur. Elle sert aussi à le transmettre à de grandes distances, dans le cas, par exemple, où une machine placée sous un hangar ou dans une cave envoie des conducteurs, à partir des frotteurs, jusqu'aux lampes établies le long d'une rue ou dans de grandes salles.

Avec deux machines accouplées, il est possible de transmettre le travail sous la forme mécanique. Une première machine, actionnée par une machine à vapeur, envoie son courant à une seconde machine : celle-ci le reçoit dans ses électrodes et, dès lors, elle se met en mouvement. Le travail communiqué à la première est donc rendu à distance par la seconde, sauf les déperditions inévitables.

Cette question de la transmission de l'énergie par les conducteurs d'une machine électrique est à l'ordre du jour. Ce n'est pas qu'il soit économique d'utiliser le travail d'une machine à vapeur ou de tout autre moteur par l'intermédiaire de deux machines Gramme, au lieu de l'utiliser directement. Mais, dans les recherches faites sur ce sujet, on a en vue les circonstances dans lesquelles il n'est pas possible d'utiliser sur place le travail du moteur dont on dispose. Tel est le cas, par exemple, d'une chute d'eau dans un pays montagneux, où la matière première arriverait difficilement, et d'où l'on aurait de la peine à faire sortir les produits ouvragés : il y aurait alors intérêt à transmettre au loin l'énergie de la chute au moyen d'une machine placée près de la chute et d'une autre machine établie dans un pays de consommation.

CHAPITRE VIII.

GALVANOPLASTIE; DORURE; ARGENTURE.

136. Principe des dépôts galvaniques. — Lorsque la dissolution d'un sel de cuivre, d'argent, d'or, de nickel, de fer, etc., est traversé par le courant d'une pile, le sel se décompose, le métal se dépose à l'électrode négative, l'acide et l'oxygène, ou le corps halogène, à l'électrode positive. Tel est le principe de toutes les opérations de galvanoplastie.

La galvanoplastie proprement dite consiste à déposer sur le moule d'un objet une couche de métal, qu'on détache ensuite du moule et qui reproduit la forme de l'objet. Par la dorure, l'argenture, le nickelage, etc., on a pour but d'appliquer à la surface d'un objet une couche mince de métal, qui n'en altère pas les traits et qui doit y rester adhérente.

Ces opérations ne réussissent bien qu'avec des courants constants et faibles. Sans la constance, le dépôt ne serait pas homogène ; avec des courants trop forts, il manque de cohérence. On emploie généralement les piles du type Daniell, ou les machines magnéto-électriques. Quelquefois la pile ne fait qu'un avec la cuve où se fait le dépôt.

137. Dorure, argenture, etc. L'objet qu'on veut *dorer* est en argent, en cuivre, en laiton, en bronze. On nettoie la surface soigneusement avec de l'eau et de l'alcool ; ou bien, si elle est oxydée ou très sale, on la décape, c'est-à-dire qu'on la fait rougir au feu et qu'on la plonge dans un acide approprié. Dans une même cuve (*fig.* 108) on suspend l'objet, qu'on met en communication avec le pôle négatif de la pile, et une lame d'or qui est en rapport avec le pôle positif. La cuve contient une dissolution de cyanure d'or et de cyanure de potassium. L'or se dépose sur l'objet; le cyanogène se porte au pôle positif et dissout peu à peu la lame d'or, ce qui maintient le bain à un titre à peu près constant.

Pour *argenter*, on opère de même avec un bain de cyanure d'argent et de cyanure de potassium.

On obtient un dépôt de nickel au moyen d'une solution

Fig. 108. — Dorure, argenture, etc.

de sulfate double d'ammoniaque et de nickel. On dépose du fer sur le cuivre avec un chlorure double d'ammoniaque et de fer. On recouvre le fer d'une couche de cuivre, en le plongeant dans une dissolution de sulfate de cuivre, après l'avoir peint au minium pour l'empêcher d'être attaqué immédiatement par la liqueur, et l'avoir enduit de plombagine pour rendre sa surface conductrice.

138. Galvanoplastie. — On commence par se procurer un moule de l'objet, en plusieurs parties si c'est nécessaire. La gutta-percha est, à cause de son élasticité, la substance la plus commode à cet effet. On emploie aussi pour moules la gélatine, la stéarine, le plâtre, l'alliage fusible de Darcet. Les premières de ces substances ne sont pas conductrices de l'électricité ; on rend conductrices les surfaces qui doivent recevoir le dépôt en les frottant avec une brosse douce enduite de plombagine. L'alliage Darcet étant conducteur, on vernit à la cire les parties qui ne doivent pas être galva nisées et on étend une légère couche de plombagine sur les autres, afin de prévenir l'adhérence du moule avec le dépôt qu'il recevra.

On plonge le moule dans un bain de sulfate de cuivre, par exemple, en le mettant en rapport avec le pôle négatif d'une pile de un ou deux éléments Daniell, et l'on suspend dans le même bain, en rapport avec le pôle positif, une lame de cuivre. L'opération dure plusieurs jours. Le cuivre du sulfate se dépose sur le moule ; l'acide avec l'oxygène de l'oxyde se porte sur la lame de cuivre et la dissout. Quand le dépôt est assez épais, onle sépare du moule.

On peut opérer de même pour avoir un moule en cuivre de l'objet ; et se servir ensuite de ce moule pour reproduire la forme de l'objet lui-même.

La galvanoplastie permet d'obtenir de nombreux tirages soit d'une planche de cuivre gravée, soit d'une gravure sur bois, sans altérer la planche ou le bois. A cet effet, au lieu de faire les tirages directement sur la gravure, on ne se sert de celle-ci que pour faire de loin en loin, par la galvanoplastie, des clichés qui seuls sont soumis à l'impression.

La *cuve galvanoplastique*, qu'on emploie en grand dans l'industrie, est une auge de bois revêtue intérieurement de gutta-percha. Elle est remplie d'une dissolution saturée de sulfate de cuivre, où l'on plonge les moules ; en face de chacun des moules on immerge un vase poreux contenant de l'eau acidulée et une lame de zinc. Le moule, le zinc et les deux liquides constituent une pile, dans laquelle le sulfate de cuivre se décompose et dépose une couche de cuivre sur le moule. Pour empêcher le bain de s'appauvrir, on y suspend de petits sacs contenant des cristaux de sulfate de cuivre.

CHAPITRE IX.

TÉLÉPHONE.

139. Téléphone. — Le téléphone transmet au loin la parole, comme le télégraphe transmet les signes visibles du langage. Il a été inventé en 1876 par l'Américain Graham Bell.

L'instrument a la forme d'un cornet (*fig.* 109); on parle

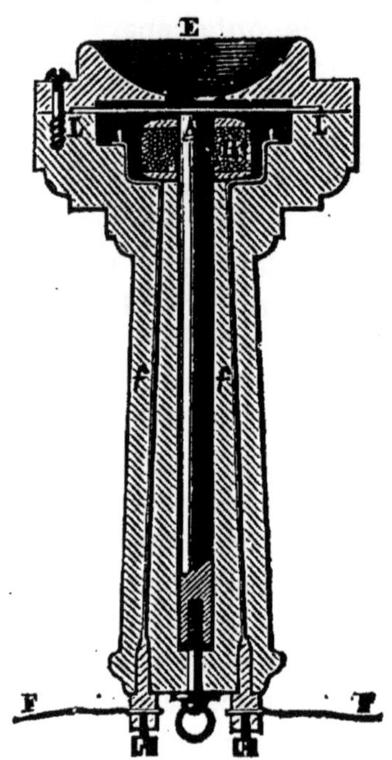

Fig. 109. — Téléphone.

dans l'embouchure E au fond de laquelle se trouve une lame mince de fer LL. Cette lame partage les vibrations excitées dans l'air par les sons. Derrière elle se trouve un petit barreau aimanté A. L'aimantation y varie selon que la lame de fer s'approche ou s'éloigne ; et ces variations font naître des courants d'induction dans une bobine B qui entoure le barreau. Le fil de la bobine peut transporter au loin ces courants variables par l'intermédiaire des fils *ff* F F. Tel est le *transmetteur* du téléphone.

Le même fil s'enroule, à l'autre station, sur la bobine d'un instrument, pareil au précédent, qui est le *récepteur*. Les courants induits circulant dans cette dernière bobine modifient l'aimantation du barreau, lequel attire plus ou moins la lame vibrante de fer. La lame du récepteur répète donc les vibrations de la lame du transmetteur, et la personne qui place près de l'oreille l'embouchure du récepteur entend les paroles prononcées par son correspondant.

Ce système de deux cornets à lame vibrante ne fonctionne pas bien à de grandes distances. On a remplacé le cornet transmetteur par l'appareil suivant.

140. Microphone. — Le microphone, inventé en 1878 par M. Hughes, est un crayon de charbon A maintenu

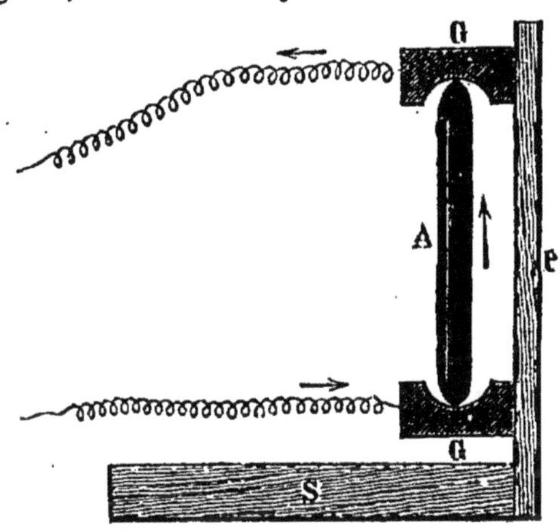

Fig. 105. — Microphone.

verticalement, sans y être fixé, entre deux godets de charbon GG. Ces godets sont portés par une planchette P, fixée à un support S. On amène aux godets les deux pôles d'une faible pile, dont le circuit comprend le fil du récepteur. Quand on parle devant la planchette, les ondes sonores produisent dans l'appareil de petites trépidations, qui modifient à chaque instant les contacts du crayon et des godets ; de là résultent des variations dans la résistance du circuit de la pile et, par suite, dans l'intensité du courant ; enfin, ces variations du courant se traduisent au recepteur par les vibrations de la lame de fer et par des sons.

Grâce au surcroît d'énergie apportée par le courant, les sons sont entendus au récepteur plus forts qu'ils ne sont émis au transmetteur. Aussi l'appareil est-il d'une sensibilité extrême : on y entend le pas d'une mouche marchant sur la planchette.

Toutefois la sensibilité fait encore défaut à de grandes distances, par la raison que les changements de résistance dépendant des mouvements du charbon deviennent insensibles par rapport à la résistance totale du circuit. Pour remédier à cet inconvénient, M. Edison a imaginé de former le circuit de l'appareil transmetteur par la pile, le microphone et le fil gros et court, par conséquent peu résistant, d'une bobine d'induction ; de composer en outre le circuit du téléphone recepteur avec le fil fin et long de la bobine. Par cette disposition, la parole occasionne des variations d'intensité dans le courant du gros fil ; et ces variations font naître des courants induits dans le fil fin ; or les courants induits franchissent aisément, à la manière des décharges, de grandes résistances : ils peuvent donc agir efficacement sur le téléphone malgré son éloignement.

Tel est, avec des différences de dispositif, le système adopté par la Société générale des Téléphones à Paris. Un abonné, ayant un double appareil, microphone et téléphone, en communication avec l'un des postes de la compagnie, avertit par une sonnerie qu'il veut parler. On lui répond du poste. Il demande la correspondance avec un autre abonné. L'employé met en communication les appareils des deux maisons, et les abonnés correspondent entre eux au moyen de leurs transmetteurs et de leurs récepteurs.

TABLE DES MATIÈRES.

OPTIQUE.

COMPLÉMENTS

Paris. — Soc. d'Im p. PAUL DUPONT, 24, rue du Bouloi. (Cl.) 000.8.88.

Paris. — Société d'Imprimerie PAUL DUPONT, 4, rue d[illegible]

www.ingramcontent.com/pod-product-compliance
Ingram Content Group UK Ltd.
Pitfield, Milton Keynes, MK11 3LW, UK
UKHW020453200726
13857UKWH00002B/686